CONDOMÍNIO DA TERRA

DAS ALTERAÇÕES CLIMÁTICAS
A UMA NOVA CONCEPÇÃO JURÍDICA DO PLANETA

PAULO MAGALHÃES

CONDOMÍNIO DA TERRA

DAS ALTERAÇÕES CLIMÁTICAS A UMA NOVA CONCEPÇÃO JURÍDICA DO PLANETA

Reimpressão da edição de Maio de 2007

ALMEDINA

CONDOMÍNIO DA TERRA
DAS ALTERAÇÕES CLIMÁTICAS
A UMA NOVA CONCEPÇÃO JURÍDICA DO PLANETA

AUTOR
PAULO MAGALHÃES

EDITOR
EDIÇÕES ALMEDINA, SA
Avenida Fernão de Magalhães, n.° 584, 5.° Andar
3000-174 Coimbra
Tel.: 239 851 904
Fax: 239 851 901
www.almedina.net
editora@almedina.net

PRÉ-IMPRESSÃO • IMPRESSÃO • ACABAMENTO
G.C. – GRÁFICA DE COIMBRA, LDA.
Palheira – Assafarge
3001-453 Coimbra
producao@graficadecoimbra.pt

Setembro 2007

DEPÓSITO LEGAL
260064/07

AGRADECIMENTOS

Do ponto de vista do autor, qualquer livro tem uma dimensão biográfica. Neste, essa dimensão está particularmente vincada. É o resultado de um percurso pleno de ideais, paixões, gestos e vivências que, nas mais variadas formas do acaso, construíram o meu mundo. Nele a herança de família, de que sou depositário, é de tal forma fundadora que o pudor me impede de nomeá-la.

Não pode pois nenhum autor ser dono absoluto da sua obra. Nesta apanha de contributos que a minha visita ao Sistema Natural Terrestre me proporcionou, não posso, neste momento, esquecer o nome de alguns com quem há mais de 20 anos sonhei a Quercus. Serafim Riem, Armando Carvalho, Walter Gomes, António Granado, Fernando Almeida, João Silva. Mais tarde o contributo decisivo do pensamento de Viriato Soromenho-Marques.

Estavam criadas as condições a partir das quais se poderia cumprir o desígnio de Miguel Torga: primeiro a vida, depois os livros. As pressões externas das alterações climáticas e a nova condição de pai, fizeram com que o Condomínio da Terra se tornasse uma prioridade com data marcada.

Foi então que Maria de Lurdes Cravo, Adília Alarcão, João Gouveia Monteiro, Joaquim Machado, Marta Chantal Ribeiro, Joaquim Peixoto, Hélder Spínola, Paulo Lucas, Francisco Ferreira, Carla Marques Pinto, Marcos Bartilotti, José Carlos Moutinho e António Lima me fizeram acreditar que 'fazia toda a lógica', e que poderia não ser apenas um devaneio.

E aqui estou, publicamente comprometido, e grato.

Paulo Magalhães
Porto, 13 de Maio de 2007

PREFÁCIO

A obra de Paulo Magalhães que o leitor tem entre mãos é portadora de um duplo desafio.

Desafio para o pensamento, na medida em que o autor nos propõe um olhar renovado sobre o sistema internacional, sobre a relação entre Estados e sistemas políticos, face ao desafio da crise global do ambiente.

Desafio para a acção, pois este livro não nos ilude quanto à urgência das tarefas políticas, jurídicas e económicas que temos de levar a cabo, se quisermos evitar o colapso de uma civilização que tarda em compreender que o único modelo para as sociedades humanas se relacionarem duradouramente com os ecossistemas não é o da dominação, mas sim o da habitação.

As alterações climáticas são o factor catalisador da crise global do ambiente, simultaneamente da sua centralidade e da sua visibilidade para o cidadão comum, que a entrada em cena da tecnociência como principal acelerador da história moderna transformou na realidade incontornável, na questão axial do nosso tempo, na causa definitiva da nossa época.

Paulo Magalhães explora, com ousadia intelectual, um caminho de analogia teórica. E se pensássemos a Terra como um imenso condomínio? Se em vez de uma crepuscular 'soberania absoluta', que apenas sobrevive ainda nas páginas envelhecidas de Jean Bodin, colocássemos a possibilidade de uma 'soberania complexa'? Se em vez duma ordem jurídica e política que fecha os olhos perante a autofagia da nossa morada planetária por uma economia predadora e ruinosa, erguêssemos os alicerces de uma economia de simbiose e solidariedade? Se em alternativa a uma visão territorial de justiça, fôssemos capazes de nela integrar a responsabilidade pelo tempo e pelas gerações futuras?

Partindo da inspiração de grandes pensadores, clássicos e contemporâneos, mas avançando sempre no fio articulado de uma reflexão amadurecida e comprometida pelo seu próprio percurso de vida e pensamento, Paulo Magalhães abre, neste ensaio, uma janela de luz e esperança para todos aqueles que não se resignaram à condição de sermos a primeira geração, à escala global, a quem o futuro ameaça ser roubado.

Viriato Soromenho-Marques
Setúbal, 14 de Maio de 2007

CAPÍTULO I

Ligações Ocultas

É a teoria que decide a partir de onde
é que nós estamos em condições de observar
ALBERT EINSTEIN

1.1. Ocultar as Ligações

A chamada Crise Ambiental que tem agora no aquecimento global a sua maior e mais dramática manifestação é considerada, por uma larga maioria, como o maior desafio que alguma vez a humanidade enfrentou. 'Estamos a testemunhar uma colisão maciça e sem precedentes entre a nossa civilização e a Terra'.[1] Os dados atestam-no: a estratégia que se seguiu foi demasiadamente arriscada. Desde os primeiros avisos e alertas sobre aquecimento global, do início da década de 90 aos dias de hoje, passaram uns preciosos 20 anos.

Numa realidade por nós construída, sob o estigma da delimitação de conhecimentos e domínios territoriais, é difícil lidar com incertezas e com sistemas que seguem as suas leis independentemente das provas e das visões que construímos sobre eles. E tudo falha quando se separa o que é uno.

---

[1] GORE, Al (2006) – *Uma Verdade Inconveniente – A emergência Planetária do Aquecimento Global e o que podemos fazer em relação a isso*. Lisboa: Esfera do Caos Editores, p. 214.

Sabemos hoje que globalização, interdependência e complexidade sempre existiram na natureza e que esta não esperou que o homem as decifrasse para interagir como um único corpo vivo.

Mesmo quando hoje falamos de 'problemas ecológicos de segunda geração', não podemos esquecer que estes já existiam, ou pelo menos já tinham iniciado a seu processo de consumação, quando ainda discutíamos aqueles a que hoje chamamos de 'primeira geração'. Comparado com os tempos da natureza, o nosso tempo biológico é de tal forma insignificante que as 'promessas científicas' catastróficas nos pareciam pura ficção. Dramaticamente, os problemas ecológicos de segunda geração já não são virtuais, e mais não serão do que as consequências do nosso insucesso no combate aos problemas de primeira geração. Como afirma Gomes Canotilho, '*O primeiro (dos problemas ecológicos de segunda geração) é o dos efeitos combinados dos vários factores de poluição e das suas implicações globais e duradouras como o efeito estufa, a destruição da camada de ozono, as mudanças climáticas e a destruição da biodiversidade. Torna-se também claro que a profunda imbricação dos efeitos combinados e das suas implicações globais e duradouras colocam em causa comportamentos ecológicos e ambientalmente relevantes das gerações actuais que, a continuarem sem a adopção de medidas restritivas, acabarão por comprometer, de forma insustentável e irreversível, os interesses das gerações futuras na manutenção e defesa da integridade dos componentes ambientais naturais. Estes interesses só podem proteger-se se partirmos do pressuposto ineliminável e incontornável de que as actuações sobre o ambiente adoptadas pelas gerações actuais devem tomar em consideração os interesses das gerações futuras*'.[2]

A noção deste clamoroso erro alastra já na consciência global: 'Enganámo-nos completamente em relação ao ambiente. Nos

---

[2] CANOTILHO, J. Gomes (2007) – Direito Constitucional Ambiental Português. Tentativa de compreensão de 30 Anos das gerações ambientais no direito constitucional Português. In *Direito Constitucional Ambiental Brasileiro*. São Paulo: Saraiva, p. 3.

anos 1960 foi ignorado, quando já era uma grande questão no final da era da industrialização.'[3]

A medicina entende o *diagnóstico* como um processo que conduz à identificação de determinada doença, podendo eventualmente identificar-lhe a causa, e o *prognóstico*, como um juízo de probabilidade de determinada conduta provocar danos irreversíveis ou de longa duração. A *gravidade da doença* depende do prognóstico que a doença tiver e afere-se tendo em conta toda a experiência acumulada, a qual nos permite ver antecipadamente essa probabilidade razoável.

Ora, se com o conhecimento acumulado durante a primeira fase, obtido através de parâmetros, informações, índices, sinais e sintomas, pudemos realizar um diagnóstico aproximado da questão ambiental, o mesmo não terá acontecido relativamente ao prognóstico e às suas prováveis consequências a curto, médio e longo prazo.

A organização dos problemas ambientais em diferentes gerações, mais não será que um forma de organizarmos as nossas percepções, de as tornarmos inteligíveis, de falarmos sobre uma realidade que é una e complexa e que, na sua essência, será o mesmo e um só problema, a mesma e uma só doença. Na primeira geração, o problema existe isolado e, por desconhecimento, ocultam-se todas as suas possíveis interligações que interagem e interferem e erra-se no *prognóstico*. Na segunda geração, o mesmo problema aparece-nos já com as suas interligações e interferências, acompanhado do reconhecimento de um 'princípio de incompletude e incerteza'[4] e da '*profunda imbricação dos efeitos combinados e das suas implicações globais e duradouras*' de que fala Gomes Canotilho. A existência de uma primeira ou segunda geração de problemas ecológicos não reside na natureza dos problemas em si, ou numa eventual existência de diferentes problemas, mas sim num deficiente

---

[3] BADIE, B. (2007) – entrevista ao *Jornal Público*, revista Dia D, de 5 de Janeiro.

[4] MORIN, E. (2001) – *Introdução ao Pensamento Complexo*. Lisboa: Instituto Piaget. p. 9.

prognóstico realizado após diagnóstico. Na realidade, não faltaram prognósticos correctos, só que era (e é) ainda impossível validá-los. Existia um conhecimento intuitivo que nos indicava a possibilidade de existência dessas interligações que nos estavam ocultas, com cenários que já eram aproximados aos que vivemos hoje, mas como não estavam cientificamente provadas, foram ignorados. Como se a natureza estivesse à espera que o homem provasse, pela ciência, o aquecimento do planeta, para ele poder começar a aquecer.

Para se chegar à consciência desta complexidade e de que 'tudo depende de tudo', a qual só agora começa a ser comummente aceite, foi necessário um 'longo caminho onde apareceriam em primeiro lugar os limites, as insuficiências e as carências do pensamento simplificador, depois as condições nas quais não podemos evitar o desafio complexo'.[5] No plano das questões ambientais globais, (que não se distinguem das questões aparentemente locais) é incontornável avaliar os termos em que o risco corrido é aceitável ou inaceitável. Qual então o padrão regulador das nossas acções e decisões, quando o objecto sobre o qual incidem se preenche de incertezas e que escapam à demonstração validada dos sistemas de conhecimento humano? Qual a credibilidade dos nossos prognósticos num assunto em que todos somos inexperientes? Parece que o aquecimento global trouxe consigo a definitiva certeza de que a estratégia do 'ver para crer', e do 'provar para validar', falhou na rede de complexidade da natureza.

O que se discute hoje já não é se o planeta está ou não a aquecer, mas sim se as águas vão subir um ou cinco metros, em dez ou cinquenta anos, por hipótese. O que parece ser relevante é o facto de estar a aquecer; a que velocidade e como aquece deverá ser considerado de menor importância, até porque, muito provavelmente, nunca o vamos saber com rigor. Mais uma vez, a mesma lógica de domínio e controlo do tempo e da realidade parece sobrepor-se ao único trabalho que podemos realmente fazer, que é mudar

[5] MORIN, E. (2001) – op. cit., p. 8.

a lógica das relações. De nada serve o 'projecto de tornar transparente o futuro', quando a única maneira de o condicionarmos é repensarmos 'essa configuração incondicionalmente optimista desse projecto moderno de antecipação do futuro'.[6]

É aqui que inevitavelmente as ciências humanas terão uma palavra determinante para encontrar um eventual caminho de solução da crise ambiental.

Como veremos, a génese do problema ambiental encontra-se não no meio ambiente, mas numa deficiente percepção da natureza e sua posterior adaptação pelo homem. Deve-se portanto a um problema de conhecimento, ou para ser mais correcto, de falta de conhecimento das interligações que apenas se tornaram perceptíveis com a crise ambiental. As fórmulas que antes representavam uma realidade com quatro variáveis, hoje têm quatrocentas, e o problema é que, quando apenas conhecíamos as quatro, as quatrocentas já existiam e já actuavam. Pascal tinha justamente enunciado que todas as coisas são '*causadas e causadoras, ajudadas e ajudantes, mediatas e imediatas, que todas se mantêm por um elo natural e insensível que liga as mais afastadas e as mais diversas*'. E todo o problema reside neste 'elo natural e insensível', imperceptível, que faz com que ao ligar o motor do seu automóvel, cada um de nós está a contribuir para o aquecimento global, e a pôr em causa tudo aquilo que possivelmente dá mais sentido à nossa vida: os filhos em particular, as gerações futuras em geral e o instinto de perpetuação da espécie à escala global.

A consciência do 'princípio da incompletude e da incerteza' de que fala E. Morin é determinante, pelo menos, para percepcionarmos quais as partes da realidade que nos fugiram e que nos estiveram (e ainda estão) invisíveis, e aproximar-nos dos motivos que nos conduziram a este conflito. Só na posse desta consciência e consequentes perspectivas se poderá elaborar um prognóstico.

---

[6] SOROMENHO-MARQUES, V. (1998) – *O Futuro Frágil, Os desafios da Crise Global do Ambiente*. Mem Martins: Publicações Europa América, p. 17.

A natureza, sabemo-lo hoje, 'é não-linear e, como tal, traz consigo a ideia de multiplicidade, abertura, adaptabilidade, irreversibilidade e complexidade'.[7] Na esteira de Descartes, construímos uma organização de sociedades humanas baseada no conhecimento segmentado, limitativo e isolador de cada área de intervenção social, e que 'separa e oculta tudo o que liga, interage, interfere',[8] tornando imperceptível o erro e as falhas das interligações. E isto aconteceu em todas as áreas do conhecimento. Como é evidente, o direito não está imune a este 'activador primário' social.

O sistema humano retalhou o planeta em soberanias e respectivos domínios delimitados por fronteiras, de zonas económicas exclusivas e espaços aéreos (que as poluições atravessam, independentemente das linhas que traçamos nos mapas). Estas abstracções jurídicas exercem-se sobre um planeta que se estima ter 4.700 milhões de anos, e sobre a actual atmosfera que demorou entre um a dois mil milhões de anos a formar.

As separações jurídicas, válidas apenas entre nós, estão sujeitas a uma visão unidimensional das organizações de grupos humanos. Preocupados apenas com o nosso interrelacionamento e as intersubjectivas delimitações territoriais da nossa própria espécie, esquecendo toda a realidade física e biológica do planeta e todas as suas interligações que sustêm o 'elo natural e insensível' reconhecido por Pascal, construímos uma organização autista em que as condições básicas para o desenvolvimento do diálogo com o meio estão desactivadas.

Não é que as abstracções jurídicas territoriais não sejam necessárias para a organização interna dos grupos humanos, o problema surge quando confundimos as nossas abstracções com uma realidade que é a biosfera, regida por leis que já existiam '*antes*

---

[7] BROWN, J. H. (1994) – Complex Ecological Systems. In COWAN, G.; PINES, D.; MELTZER, D., eds. lits. *Complexity: Metaphors Models and Reality.* Reading, Massachussets: Addison-Wesley. p. 419-420.

[8] MORIN, E. (2001) – op. cit., p. 9.

de nós existirmos e continuarão a existir depois de deixarmos de existir'[9] e que, em grande parte, desconhecemos.

Logo, ao deixarmos um mapa que conhecemos e que acreditamos dominar, para irmos para um território que não conhecemos, instintivamente aparece o vazio, a consequente resistência à mudança e medo.

Mas, independentemente das justificações de ordem psicológica do comportamento da espécie humana, a verdade é que não podemos deixar de questionar, se a humanidade coloca apenas a si própria os problemas que acredita poder solucionar.

Este retalhar do planeta, seguindo o caminho fácil da simplificação, desfigurou a sua realidade materialmente indivisível e fez crer que a imagem do real era o próprio real. Precisamos de construir novas abstracções conectadas com o meio, ou então atribuir uma nova dimensão às nossas divisões jurídicas. E este é o grande desafio do Direito do Ambiente, um direito dos homens, inventado pelos homens e para os homens, que dialogue com as ligações ocultas de um sistema uno e complexo. 'Não se trata de retomar a ambição pensamento simples, que era de controlar e dominar o real. Trata-se de exercer um pensamento capaz de tratar o real, de dialogar e de negociar com ele.'[10]

1.2. **Biosfera e Sociosfera**

Uma das formas de verbalizar e de criar algumas premissas que nos permitam assentar uma interpretação ou conseguir uma capacidade explicativa desta intricada rede de relações em que cada um de nós está imerso, é organizar a realidade una em diferentes sistemas. A organização proposta por Kassas e Polunin (1989) 'os três sistemas e o ser humano',[11] põe alguma ordem nas

---

[9] SOROMENHO-MARQUES, V. (2005) – *Metamorfoses. Entre o Colapso e o Desenvolvimento Sustentável*, Mem Martins: Publicações Europa-América.

[10] MORIN, E. (2001) – op. cit., p. 8.

[11] KASSAS, M.; POLUNIN N. (1989) – Los três sistemas y el ser hu-

interligações complexas em que estamos imergidos e ao dividi-los hipoteticamente, coloca-nos em posição de diálogo com os diferentes papeis que temos nas diferentes esferas em que vivemos. Pardo Díaz designa este sistema como o *'paradigma da complexidade'*.

'O primeiro sistema ou esfera em que o ser humano se encontra imerso é a Biosfera. Este grande sistema de pontes funcionais e interdependentes compreende uma fina zona da terra, na qual se incluem as camadas baixas da atmosfera, estratos superiores da litosfera e hidrosfera, e os seres vivos, incluída a espécie humana, interactuando entre si e com o ambiente.

Em segundo lugar estaria a Sociosfera, o sistema artificial de instituições desenvolvido pelo ser humano, para gerir as relações da comunidade e com os outros sistemas. Este sistema – soma de instituições socio-políticas, sócio-económicas evoluiu ao longo de séculos de história e, como é evidente, nele se encontra o Direito. Por outro lado, as relações com os outros sistemas e em particular com a Biosfera, levam-se a cabo através de estruturas concretas. Algumas dessas estruturas constituem a Tecnosfera, como um sistema criado pelo ser humano e submetido ao seu controle. Compreenderia os aglomerados urbanos de aldeias, cidades, centros industriais e de energia, redes de transportes e comunicação, canais e vias fluviais, explorações agrícolas etc ...

Entre estes três sistemas existem múltiplas inter-relações, sendo a problemática actual consequência de um desajuste entre elas: a Sociosfera pressiona a Biosfera com uma enorme população ávida de recursos e que, depois de utilizá-los, devolve resíduos não assimiláveis à Biosfera, que se vê assim ameaçada. O mesmo faz a Tecnosfera, como braço articulado da Sociosfera. Já se comprovou que de nada servem os ajustes tecnológicos sem mais, porque o que deve mudar é a Sociosfera, isto é, o padrão de relações.

---

mano. *Env. Cons.* 16:7-11, cit. por PARDO DIAZ, A. (1995) – *La Educación Ambiental como Proyecto*. Barcelona: Universidad de Barcelona ICE/Horsori, p. 16.

A sobrevivência da Biosfera e da nossa própria espécie depende, portanto, do grau de equilíbrio – entendido como dinâmico e adaptável às gerações vindouras – que o ser humano consiga alcançar nas relações das três esferas em que está implicado.'[12]

Ora, quando falamos de relações ou, como diz Pardo Díaz, *do padrão de relações,* estamos inevitavelmente a falar do objecto de todas as ciências jurídicas. Todo o tipo de relações, entre indivíduos, organizações ou estados.

Morin explica que, a partir de Descartes, pensamos 'contra-natura', e toda a configuração do pensamento ocidental, desde concepções científicas, éticas e religiosas, se unem para legitimar e tornar possível a nossa actuação sobre a natureza de forma mecânica, resultante da revolução científica do séc. XVIII, com o seu construtivismo matemático e determinista que constrói uma natureza pensada e que recusa a existência de uma *natureza em si.* Confunde-se a natureza real com a *natureza pensada,* e descrita em livro. Tudo o que não conste do livro não existe; mesmo quando há uma percepção da sua eventual existência, se não for por nós classificável, mensurável e contabilizável, é considerado como inexistente.

Hoje sabemos que a *natureza pensada* conhece um milhão e oitocentas mil espécies, e a **natureza em si,** estima-se em 8 milhões. Falta-nos não só conhecê-las como, depois de as conhecermos, decifrarmos as relações entre elas, e entre elas e as espécies que já conhecemos, bem como entre todas elas e o meio abiótico.

Portanto, o real, a biosfera que conseguimos percepcionar (e a que não percepcionamos) não é, nunca foi nem vai ser, fruto de uma organização ou concepção humana. A realidade não mudou um milímetro, só porque Descartes a separou. Nesta percepção da realidade e do próprio homem, como que se intui uma mútua influência e co-evolução do homem e da natureza em que este se

---

[12] PARDO DÍAZ, A. (1998) – A Emergência de uma Nova Cultura. *Cadernos de Educação Ambiental.* Lisboa: IPAMB, p. 4.

insere. É o que acontece, por exemplo, na história ecológica, que O'Connor[13] entendeu como 'a história do planeta e da humanidade, da vida de outras espécies e da matéria inorgânica na medida em que modificadas pelas produções materiais ou mentais dos seres humanos', afirmando também que a tautologia, 'tudo depende de tudo', é uma tautologia não só em ecologia, mas também na história e em toda a vida da Biosfera, (onde a Sociosfera e Tecnosfera estão incluídas como subsistemas). Essa seria uma interdisciplinaridade do tempo, a única história totalizadora, a única história universal. Os historiadores ecológicos entendem o seu trabalho como uma mediação entre a cultura e a natureza, e não apenas a história dos factos sociais. E no futuro será mais a natureza a ditar a história das relações sociais e políticas do homem, ao contrário do que aconteceu até aqui.

A crise ambiental, antes de ser um problema do ambiente, como veremos adiante, é um problema do homem, um problema de relações entre a sociosfera e a biosfera. Este é, pois, o objecto central de todo este trabalho, pois o que se vai analisar será esse 'padrão de relações' entre biosfera e sociosfera perspectivadas sob o Direito dos homens, e o papel deste ao 'fazer crer que o corte arbitrário sobre o real era o próprio real'.[14]

O desafio que se coloca às novas gerações reside na construção de um sistema humano que interaja com a ideia de parte comum, que dialogue com essa realidade, de facto, universal que é a biosfera.

E o direito dos homens não pode nunca, por mais justificado que esteja na sua concepção teórica, perder a noção do 'território', perder a sua ligação à realidade e confundir o 'mapa mental' das abstracções jurídicas das relações entre os povos com o território em que essas relações se vão processando; não pode nunca perder a ligação entre a abstracção jurídica e a realidade a que se refere.

---

[13] O'Connor, J. (1997) – Qué es la história ecológica? Por qué la história ecológica? *Revista Ecologia Política*. Barcelona. 14, p. 115.

[14] Morin, E. (2001) – op. cit., p. 17.

1.3. **Um problema humano**

Os problemas com que a espécie humana se defronta, no seu relacionamento com o ambiente terão desta forma a sua origem na concepção que o homem construiu de si, 'de um homem não natural', e o que esta concepção implicou na sua visão do meio, de 'natureza não humana'.

Para Pardo Diaz, 'La relación de nuestra especie com el médio ambiente, producto de la percepción que há tenido de este y***, sobre todo, de sí misma***,[15] ha tenido una evolución interessante como relativamente poco estudiada...'.[16]

Portanto, para este conceituado autor de educação ambiental, a forma como nos relacionamos com a natureza depende muito mais da forma como a nossa espécie se percepciona a si mesma do que da sua percepção da natureza que tem, como sabemos, evoluído de forma vertiginosa com o advento da ciência.

Antes da ruptura cartesina, adoptava-se de alguma forma uma perspectiva ingénua, considerava-se a natureza como obra de Deus, e esta resposta resolvia todas as perguntas – a natureza era o paraíso onde Deus colocou os homens e onde estes viviam contemplativos em relação à mãe natureza (relato do Génesis 1-3). – ('! Cuán feliz era, pues, aquella gente de la Edad de Oro, carente de toda ciencia, y sin más guía en la vida que su instinto natural!... ! tan convencidos estaban de que no era lícito al hombre ir más allá en el conociemento de lo que permite su condición!'). E esta era a condição do homem, de ser integrado na natureza, em que tudo era perfeito e que vive em equilíbrios feitos por Deus. Era a harmonia. Hoje apelidamos essa época de *geocentrismo*.

É na transição do feudalismo para o capitalismo, a que se chamou época do Renascimento (e que significa precisamente o renascer do homem como o centro da razão e da vida), que se

---

[15] O sublinhado é nosso.

[16] PARDO DÍAZ, A. (1995) – op. cit., p. 23.

operam as mudanças filosóficas – que se podem representar como uma mudança de uma posição *geocêntrica* para uma visão *antropocêntrica* – que vão condicionar todas as áreas e actividades humanas até aos dias de hoje.

O renascimento é precisamente a emancipação racional/ /intelectual do homem relativamente à natureza, é o momento da ruptura. O velho relato do Génesis, que era um relato total que unificava, que dava à natureza toda a grandeza e beleza e onde todos os seres resplandeciam, foi desacreditado. Na sua ignorância e na aventura da independência e do domínio, o homem cria a ilusão de que a sua razão pode dominar a mãe natureza.

O estudo e conhecimento da história das filosofias que dominaram a relação do homem com a natureza é fundamental para entender o porquê da situação actual, criar a noção de relatividade do presente e acreditar que, neste processo permanente de alterações, hão-de surgir soluções. A etimologia da palavra desenvolver (des+envolver) tem precisamente o significado de 'tirar o que envolve' de 'libertar o que nos prende', o que implica que, ao libertarmo-nos de determinado envolvimento que nos constrange, não arranjemos outro que nos envolva ainda mais. Alheio às mundividências do seu tempo e à história das percepções humanas, o poeta alemão Goethe, afirmava que 'a natureza é sempre séria, severa e tem sempre razão, e os erros são sempre do homem'. Esta sábia ciência não convencional existiu nas visões geocêntricas, na filosofia grega, nas culturas populares menos sofisticadas, nas mundividências orientais, que mais não eram do que percepções sensoriais e empíricas do meio, sem fórmulas demonstrativas e sistemas comprovativos, que apresentaram sempre, face a estes sistemas científicos, a vantagem de uma percepção holística indutiva das suas interdependências e a consequente precaução.

Parece-nos impossível enfrentar esse desafio tendo por base um modelo que nos conduziu até esta crise e que entrou em colapso por imposição da realidade factual que são as leis da natureza.

Ora, se não podemos mudar as leis da natureza, só nos resta mudar as nossas ideias. E não será com certeza com meras adaptações ao modelo pré-existente, como aliás se tem vindo a verificar, que poderemos lograr algum sucesso nesse desafio.

A própria expressão 'crise ambiental' encerra em si uma ideia de separação entre homem e natureza e uma visão antropocêntrica ainda hoje dominante, ao centrar esta crise na natureza/ambiente, quando o problema está no homem. Como afirma R.Folch (1998), 'não há crise alguma no funcionamento dos sistemas naturais, não falha nenhum dos mecanismos ecológicos de base'. Portanto, 'a origem dos problemas há que buscá-la na deficiente adaptação das sociedades humanas às circunstâncias que impõem o meio em que se encontram' (Hernández).[17] No mesmo sentido, e de forma clarividente, Corraliza, afirma que a própria expressão 'Crise ambiental' é 'una expresion infeliz, ya que más bien se trata de problemas de la humanidad'.

Esta perspectiva, que apresenta argumentos irrefutáveis, redirecciona a visão da uma realidade que nunca deixou de ser o que é, para uma crise localizada na *'natureza pensada'*,[18] ou então para a nossa representação da natureza que, essa sim, será a única coisa que poderá ser alterada. Se foi crucial, na fase inicial da constatação da crise, estudar os efeitos das actividades humanas no ambiente, essa perspectiva não responde nunca à pergunta central: o que é que falhou em nós que levou a que criássemos estes problemas para nós e para a vida que nos rodeia? Foi a nossa ciência? Ou terá sido a forma como a olhamos? O que é pré-existente em nós que nos levou a confundir a realidade com a percepção que tínhamos dela? Esta visão, com uma dimensão histórica e filosófica, é determinante para perceber qual a parte da realidade que nos fugiu e que nos esteve invisível e quais os motivos que levaram a este conflito. Só na

---

[17] HERNÁNDEZ, F. H, (2001) – Educación Ambiental: Avances y Retos. Comunicação às *Jornadas de Educación Ambiental de Cantabria,* 2001; não publicada.

[18] LENOBLE, R. (1990) – *Historia da Ideia de Natureza*. Lisboa: Edições 70.

posse destas informações e perspectivas, se poderá elaborar um diagnóstico correcto e posicionarmo-nos para repensar estruturas e formatações mentais que alicerçaram o mundo das nossas ideias, e que hoje funcionam como modelos de convivência entre as populações de humanos do planeta. São pré-existentes e, como tal, afiguram-se-nos imutáveis.

Quando o problema se transfere para a 'natureza pensada' e portanto para o homem, todas as abordagens terão de incorporar o carácter complexo e interdisciplinar da natureza, o que implica uma redefinição do método. Hernández diz que 'de los estudios sobre la problemática ambiental centrados casi exclusivamente en los efectos que las acciones humanas tienen sobre la naturaleza se há pasado a la progresiva incorporación de análisis psicológicos, sociológicos o políticos'.[19] A estas análises, podem-se juntar outras como, economia, ética, filosofia e evidentemente o direito. Juntam-se, pois, ciências do homem e da natureza.

A própria forma que o ser humano encontrou de nomear/falar, e de comunicar sobre este problema, é um sinal revelador da lógica que originou o conflito e a subsequente crise.

A tomada de consciência da existência do conflito, imposta pela realidade que nos condiciona, não trouxe consigo, pelo menos de imediato, a percepção da origem do problema. Um ponto de partida como este amplia, de forma assustadora, a dimensão da crise e implica uma revolução coperniciana, com a consequente inversão de posicionamentos. O epicentro da crise é transferido do objecto para o sujeito, e de um problema do meio passamos para uma crise ontológica do próprio homem e o consequente esboroar de uma estrutura axiológica sedimentada ao longo de milhares de anos, pondo em questão os julgamentos de triunfalismo da nossa espécie.

Só que, tal como a mudança de paradigma que parece agora inevitável, também a revolução coperniciana não foi uma revolução formal, lógico-dedutiva ou baseada em novos sofismas ou abstracções; foi uma revolução da evidência dos factos, da

[19] HERNÁNDEZ, F. H. (2001), op. cit.

realidade. E como afirmou Galileu, quando se viu obrigado a refutar provas que fundamentavam a concepção coperniciana da realidade, 'independentemente do que eu disser, o certo é que a terra vai continuar a girar à volta do sol'.

Canelas de Castro afina o tom dos discursos ao afirmar que: 'o sentido desta evolução poder-se-ia resumir numa imagem: as sociedades interrogam-se cada vez mais sobre se não será melhor ter dois pássaros a voar que um na mão. (...) o que estas observações anunciam configura uma nova revolução copernicana, desta feita do fim do nosso século e milénio...'[20]

E é difícil encontrar, no percurso do pensamento humano, uma situação que decalque tantas semelhanças como as que existem entre a revolução coperniciana do séc. XVI e a que nos é solicitada pela crise ambiental do final do século passado.

Todas as revoluções não acontecem na natureza, mas na história do pensamento humano. Na natureza nada se altera lá porque um homem conseguiu ver a mesma realidade de maneira diferente. E as revoluções são apenas a imposição das leis da *natureza em si* e da própria *natureza biológica* do homem aos conceitos e imagens que o ser humano impôs a si próprio e à consequente *natureza pensada* que condiciona a visão do meio que o envolve.

A biosfera desde sempre foi globalizada e interdependente, e muitas das descobertas científicas devem ser olhadas como um 'saber que a natureza sempre soube' e que não surgem no momento da descodificação que o homem logrou alcançar.

Os golfinhos não estiveram à espera que o homem começasse decifrar a sua linguagem para começarem a comunicar entre si. Nem as eventuais alterações climatéricas, provocadas pela alteração das substâncias existentes na atmosfera devido às actividades humanas, estão à espera da prova científica para produzirem os seus efeitos. É o homem que anda atrás da realidade e não a realidade que anda

---

[20] CASTRO, P. Canelas de (1998) – Sinais de (nova) Modernidade no Direito Internacional da Água. *Revista Nação e Defesa* Lisboa: 86, p. 115.

atrás da percepção que o homem tem dela. A independência da espécie humana em relação ao ambiente é relativa e circunscrita a pequenos sistemas, que não deixam nunca de revelar a sua fragilidade quando a biosfera exerce a sua soberania.

As consequências que a crise ambiental suscita no direito são enormes, porque além de requerer um novo direito positivo, pressupõem um redireccionar ontológico do homem.

Acredita-se hoje que 'uma ética fundada na dignidade humana pressupõe, necessariamente, que novos conhecimentos na área das ciências biológicas possam questionar axiomas considerados imutáveis, de modo a proporcionar – através de uma análise introspectiva permanente – uma mudança gradual da visão antropológica do homem'.[21]

Nas ciências jurídicas, também os caminhos apontados não diferem da tónica anterior, e parece inquestionável que a correcção dessa deficiente adaptação das sociedades humanas ao meio passa inevitavelmente por uma concepção jurídica diferente da anterior. Exige-se, assim, uma nova consciência do estar 'em relacionamento', na sua dimensão jurídica, que se alarga para além das relações intra-espécie.

A liberdade do homem está limitada não só pela liberdade dos outros como pela natureza da qual depende.

Parafraseando Malraux, Michele Bachelet considera ainda mais correcta a afirmação de 'que o século XXI ou será ecológico ou não será'.[22]

---

[21] NUNES, R. Lopes (2002) – *Bioética e Deontologia Profissional*. Porto: Serviço de Bioética e Ética Médica da Faculdade de Medicina do Porto (Colectânea Bioética Hoje – IV), p. 12.

[22] BACHELET, M. (1997) – *Ingerência Ecológica. Direito Ambiental em Questão*. Lisboa: Instituto Piaget, p. 18.

1.4. **Um Novo Direito**

Toda a evolução da espécie humana, que conduziu a essa 'consciência de si' de que fala Damásio, e que inventou o 'ser humano', permitiu ao *Homo Sapiens* começar a decifrar-se a si e ao meio, e a universalizar-se. A consciência dessa razão, a mesma que serviu para iniciar o percurso decifrador do mundo, a evoluir, a fazer grandes descobertas e a cometer erros, é também a única razão que temos para conectarmos a nossa actuação com aquilo de que nunca estivemos separados. Só ela nos permite construir uma representação do espaço, da natureza e de nós, conectada com a lógica da complexidade e interdependência da biosfera.

Uma das faculdades da inteligência é a possibilidade de, em cada momento, nos permitir simultaneamente realizar um processo de leitura de cada situação que envolve o indivíduo, e perspectivar e adequar a melhor reacção possível perante os estímulos operados. A cada vez maior consciência da inevitável dependência dos elementos vitais da natureza obriga-nos a concluir que a função da inteligência será moldar a organização humana de uma forma mais ajustada aos imperativos biológicos. Ora, como será possível integrar todas as incertezas *de factu* da realidade ambiental, numa perspectiva positivista 'estrutural-formal' do direito, como ciência de factos sociais? A esta questão, acresce ainda uma outra incerteza: se por um lado as ciências naturais são essenciais para estabelecermos esse 'diálogo aberto do espírito' com a realidade do meio, por outro, elas não nos fornecem, porque não conhecem, todas as implicações que determinada actividade produz no ambiente. Logo, fica a questão de saber em que premissas devemos fundar a nossa actuação e o nosso direito quando relacionamos a nossa sociosfera com a biosfera.

Poderá o direito continuar fechado a este desafio da complexidade, e não incorporar os 'avanços conceptuais, metodológicos e tecnológicos registados no estudo de outros sistemas complexos'[23]

---

[23] Brown, J. H. – Complex Ecological Systems. In Cowan, G.; Pines, D.;

que se alastram a todos os domínios do conhecimento, desde as ciências naturais até às ciências económicas? Poderá o direito passar indiferente aos avanços da medicina e das ciências neurológicas, sem reflectir essa mudança da visão antropológica do homem, com todas as consequências ontológicas? Em que fundamentos se alicerça o direito dos homens que visa regular relações do homem com a natureza? Se o chamado direito natural surge como um direito não escrito e que serve de fundamento ao direito das gentes, qual será então esse direito não escrito para o direito do ambiente?

O Direito sem a dimensão da natureza dá-nos tudo menos o suporte da vida. O trânsito de uma ética centrada no homem para uma ética centrada na vida pressupõe que tudo o que é suporte de vida deverá ter relevância jurídica. Isto é, tudo que tem relevância para a vida deverá ter relevância para o Direito.

Mudar as bases de partida de um raciocínio é uma tarefa monumental. Segundo E. Morin 'nada é mais difícil do que modificar o conceito angular, a ideia maciça e elementar que suporta todo o edifício intelectual'.[24]

1.4.1. *A necessidade de uma representação teórica*

Tal como no real concreto a complexidade sempre existiu, e as ciências naturais/exactas tiveram que cometer todos os erros para chegarem à complexidade/globalização de hoje, também no Direito, o homem esteve desde sempre em relação com o meio, tal como esteve desde sempre em relação com os outros homens. Com a crise ambiental humana torna-se necessário que o direito intervenha neste relacionamento do homem. O problema começa precisamente em saber como que é a natureza entra num sistema de regras que foi

MELTZER, D., eds lits. – *Complexity: Metaphors Models and Reality*. Reading, Massachusetts: Addison-Wesley, p. 419-420.

[24] MORIN, E. – op. cit., p. 82.

construído para funcionar entre homens e que têm entre eles uma potencial igualdade de capacidade de participarem nesse sistema.

São vários os sistemas jurídicos que começaram a encarar a natureza como um bem jurídico autónomo. 'Hoje em dia, um meio de vida são constitui em si mesmo um bem jurídico em sentido próprio e autónomo'.[25] O direito foi chamado a proteger determinados bens a que, no passado, nenhum valor era atribuído, talvez por força da sua abundância ou por desconhecimento das suas repercussões na vida dos homens. Surgem agora elevados à dignidade de bens jurídicos, quer por se conhecer que afinal são escassos, quer por não restarem dúvidas quanto às relações entre eles e a vida humana. Hoje, integram os valores sociais.

O bem jurídico autónomo é, pois, fruto de um juízo de valor realizado pelo homem relativamente a um bem ou elemento natural, e à qual a nossa ordem jurídica atribuiu uma dimensão positiva de protecção.

Soromenho-Marques clarifica esta necessidade de uma nova concepção de justiça que a questão ambiental impõe quando afirma '(...) o *quid est da política ambiental continua a ser a demanda da justiça entendida no grande horizonte das relações dos seres humanos entre si, mediada pela relação com as coisas e outros seres*'.[26]

Para o direito clássico, a justiça é, segundo Kelsen, 'a qualidade de uma específica conduta humana, de uma conduta que consiste no tratamento dado a outros homens. O juízo segundo o qual uma tal conduta é justa ou injusta representa uma apreciação, uma valoração da conduta'.

Analisemos desde já este ponto, à luz do direito do ambiente e das afirmações de Freitas do Amaral, segundo o qual 'o direito do ambiente, é um primeiro ramo do direito que nasce, não para regular as relações do Homem entre si, mas para tentar disciplinar as

---

[25] CANOTILHO, J. Gomes coord. (1997) – *Introdução ao Direito do Ambiente*. Lisboa: Universidade Aberta, p. 24.

[26] SOROMENHO-MARQUES, V. (1994) – *Regresso à Terra, Consciência Ecológica e Politica de Ambiente*. Lisboa: Editora Fim do Século – Margens, p. 70.

relações do Homem com a Natureza',[27] e que nos parecem constatar uma evidência. Perante este novo quadro, poderíamos também afirmar numa primeira fase que, justiça é a qualidade de uma específica conduta humana que consiste no tratamento dado a outros homens e ao ambiente. Do afirmado, deduzimos que as condutas violadoras do ambiente serão também injustas.

Analisemos, então, algumas premissas destas afirmações:

A primeira premissa é que a justiça é uma qualidade de uma específica conduta do homem.

A segunda é que, em matéria do direito do ambiente, esta conduta humana se reporta a um ente não humano, que deverá ser encarado como um mediador do relacionamento com outros seres humanos actuais e futuros.

A terceira é que, independentemente de ser directamente relativa a um ente não humano, o actor da conduta é humano. Portanto, ela pode ser uma conduta injusta para com o ambiente, mas não deixa de ser uma conduta do homem e uma conduta com carácter social, uma vez que se vai reflectir mediatamente noutros homens actuais e futuros.

A quarta é que ela só pode ser considerada valiosa ou desvaliosa, justa ou injusta, se houver um juízo que proceda a uma apreciação de valoração dessa conduta.

A quinta é que esse juízo não vai nunca ser realizado pelo alvo/vítima da conduta humana, neste caso, o ambiente. No entanto, esse ambiente funciona como um sistema que, dentro da sua dimensão temporal, irá reagir aos estímulos a que for sujeito e condicionar o relacionamento entre homens actuais e futuros.

A sexta é que para essa conduta – que é um facto da ordem do *ser* no tempo e no espaço – poder ser alvo de uma apreciação, tem que ser confrontada com uma norma de justiça que estatui um *dever-ser*, também ele idealizado e positivado pelo homem, mas que

---

[27] AMARAL, D. Freitas do (1994) – *Direito do Ambiente*. Lisboa: INA, p. 17.

terá obrigatoriamente que aceitar esta dependência simbiótica do homem em relação à natureza.

A sétima é que, se existe um direito do ambiente, significa que esta realidade do ambiente, esse facto que está em relação com o homem, foi alvo, por parte deste homem, de um juízo relativo a um *dever-ser* da sua conduta quando se relaciona com o ambiente. Portanto, o que é justo ou injusto é a conduta humana, e não o facto. A natureza apenas pode ser alvo de uma conduta, que pode ser valiosa ou desvaliosa.

Oitava e última: mesmo esse *dever ser* imposto pela norma jurídica a uma conduta humana, relacionada com entes não humanos é, em última análise, um *dever ser* de *uma conduta que consiste no tratamento dado a outros homens* através de uma mediação realizada através da natureza, acrescentando agora as palavras, *actuais e gerações futuras*.

Então poderemos – o que será ainda mais correcto – afirmar que a justiça *será a qualidade de uma específica conduta humana, que consiste no tratamento dado a outros homens actuais e futuros, mediada pela relação com as coisas e outros seres*.

Do exposto resulta claro, em nosso entender, que é falsa a questão da atribuição de direitos à natureza, ou de direitos da natureza ou mesmo da eventual individualização de direitos, em determinados seres vivos, que para todos os efeitos se regem por leis que nos são muito anteriores. Não podemos ter a veleidade de uma atitude magnânime, andando a distribuir direitos a quem não os pode exercer no nosso sistema jurídico, o que em nada iria contribuir para a resolução de um problema que foi criado por nós. Na nossa condição de humanos, a única coisa que podemos realmente fazer, não é dar direitos à natureza, mas sim impor deveres ao nosso relacionamento com ela.

Será que a criação de um novo ramo do direito, como mero apêndice e desfasado da estrutura do direito clássico, é suficiente para mudar as bases de partida de um raciocínio e restabelecer a ligação, colocando todo o sistema jurídico a dialogar com a biosfera?

Freitas do Amaral considera que estamos perante uma '(...) nova era em que a humanidade está a entrar ante os nossos olhos; é mesmo, porventura, uma nova civilização. Por isso mesmo, essa nova civilização começa a gerar o seu Direito – um novo tipo de Direito. O Direito do Ambiente não é mais um ramo especializado de natureza técnica, mas pressupõe toda uma nova filosofia que enforma a maneira de encarar o Direito. Estudemo-lo pois com uma redobrada atenção porque ao estudá-lo, não estaremos a executar uma tarefa especializada de carácter técnico, mas a tomar consciência de uma nova fase da história da humanidade em que estamos a entrar, e a que felizmente nos é dado assistir em vida'.[28]

Portanto, para este autor, o direito do ambiente, não é um novo ramo do direito, mas sim um novo direito. Logo, o facto de ser fruto e percursor de uma nova civilização, quer dizer que este novo direito entra de alguma forma em confronto com a civilização anterior, pois é fruto de um novo paradigma, de uma nova 'mundividência' que está na sua génese. Nada indica que basta uma mera adaptação do direito actual para que se possa, com alguma probabilidade de êxito, enfrentar os problemas ecológicos de segunda geração.

Entre estas declarações, proclamatórias e visionárias, e a necessária passagem de uma intencionalidade espiritual (de um dever-ser patente nas normas constitucionais e tratados internacionais) para um 'ser' realizado por esse espírito, tornando o direito num promotor efectivo do processo histórico-cultural (apontando o afinamento da estratégia de acção, assumindo a dimensão vital do jurídico no seu sentido modelador da vida, perante aquela que é considerada como a principal crise com que a humanidade alguma vez se defrontou) vai a diferença entre o tudo e o nada, entre a possibilidade de futuro e o absoluto insucesso a que as alterações climáticas remeteram o direito do ambiente.

As consequências jurídicas que o aquecimento global implica para o direito dos homens, (para além dos efeitos materiais com as

[28] AMARAL, D. Freitas do (1994) – op. cit, p. 17.

suas inevitáveis consequências jurídicas e que não são aqui tratados) terão de ser enormes sobre a base conceptual da estrutura clássica do direito, baseada em paradigmas estruturais que são absolutamente incompatíveis com a unidade holística da biosfera, sob pena do objecto primeiro da realização do direito, ***o direito à vida***, se tornar numa ***abstracção teórica de curto prazo. (...)'.***[29]

Se chegarmos a este ponto, o direito não cumpriu a sua tarefa. Perdeu-se no emaranhado das suas construções teóricas, deixando para trás a realidade da vida dos homens e do planeta de que são parte integrante.

De nada serve a existência de um direito que não pode ser exercido. Cabe ao direito encontrar um modelo de realização das suas intencionalidades espirituais, e tornar-se Direito.

O homem considerou-se um ser à parte do ambiente e construiu um direito em função disso mesmo e, nessa lógica, o Direito do Ambiente tem apenas servido como decifrador de maleitas que enfermam as sociedades actuais, e que as levam a falar de um endémico 'défice de execução' (Vollzug Defizit)[30] da multitude de regras jurídico-ambientais, da existência de 'Direito-Simbólico'[31] ou deste 'Estado-espectáculo'[32] que dá a imagem da acção pela

---

[29] ACORDÃO de 02/07/1996 Proc. n.° 483/96- Supremo Tribunal de Justiça – Portugal.

[30] HUCKE, J.; WOLLMANN, H. 'Vollzug des Umweltrchts' cit. por RANGEL, P. Castro (1994) – *Concertação, Programação e Direito Ambiental.* Coimbra: Coimbra Editora, p. 15.

[31] MENDES, P. Sousa (2000) – *Vale a pena o Direito Penal do Ambiente?* Lisboa: Associação Académica da Faculdade de Direito de Lisboa. Este autor questiona, relativamente ao Direito Penal Ecológico, o seu sentido 'fortemente impregnado de conotações programáticas e ideológicas, mas desprovido de consequências práticas efectivas, que só não são nulas porque, carece de alguma aplicação exemplar para não cair em desudo'. De referir aqui que, em matéria ambiental, até à celebração deste trabalho, segundo as informações disponíveis, as normas penais portuguesas nunca foram efectivamente aplicadas.

[32] OST, F. (1995) – *A Natureza à Margem da Lei. A Ecologia à Prova do Direito.* Lisboa: Instituto Piaget, p. 123.

própria acção, e que pensa que o problema ambiental está resolvido porque se adoptaram textos e porque foi instituída uma administração. A sua função de instrumento de intervenção e inversão da tendência generalizada da destruição irreversível dos elementos vitais da natureza é apenas intencional.

Apesar disso, sobretudo na última década do século passado, este direito registou uma evolução doutrinal e normativa vertiginosa, provocada por uma urgência da salvaguarda da própria vida, que terá criado um interessante paradoxo: por um lado, terá empurrado o direito do ambiente a uma evolução mais apressada do que a da própria sociedade a que se dirige, com a consequente inversão do seu normal percurso e, por outro lado, terá vitimado esse próprio direito, castigando-o com uma avalanche legislativo--conceptual.

Mas mais agudo torna-se o problema quando, neste fogo de artifício legislativo, a inflação e justaposição de normas produzidas à medida das urgências, as implica num processo permanente de revisão que conduz a uma inevitável insegurança jurídica. Para S.Charbonneau, 'o consumo de textos é, na nossa sociedade, idêntico ao consumo de objectos',[33] que em matéria jus-ambiental – e porque este novo direito é em si mesmo potencialmente conflituante com os direitos clássicos – conduz a uma situação que se presta a uma utilização oportunista, em função do resultado procurado, por parte dos actores melhores informados.

Por outro lado, temos linhas de intervenção modeladora do Supremo Tribunal Português, onde se afirma que a *'problemática do Direito do Ambiente tem, hoje, foros de Direito Constitucional, no conjunto dos direitos e deveres fundamentais,* ***donde deriva uma prevalência material no ordenamento jurídico português que não pode deixar de reflectir-se na interpretação e aplicação da***

---

[33] CHARBONNEAU, S. (1988) – La nature du droit de la prévention des risques techniques. *Revue Française de Droit Admnistratif.* 4:3, Maio-Junho, p. 531.

normatividade global, conforme já aflorado.(...) Repare-se neste pormenor tão simples quanto incontroverso: se as condições reais levarem à desarticulação dos meios ambientais que permitam, efectivamente viver, o direito à vida não passará de uma abstracção teórica de curto prazo. (...)'.[34]

Do exposto resulta um inevitável e clamoroso paradoxo: por um lado, a jurisprudência do Supremo Tribunal a descortinar na intencionalidade das normas um sentido claro de uma prevalência material do direito do ambiente sobre o resto do ordenamento jurídico e, por outro, a inexorável realidade do 'direito simbólico', do 'direito-espectáculo', que parece ter cristalizado nesta fórmula de aplicações meramente excepcionais e exemplares, criando a inevitável sensação de sanções ornamentais injustas, 'sacrificando alguns infractores, escolhidos ao acaso, na ara do espectáculo judiciário, quiçá amplificado pela intervenção dos meios de comunicação social'.[35]

Para Paula Escarameia, 'são variadíssimos os exemplos que reflectem a característica da insatisfação com o passado e a ansiedade pela falta de fundamentos seguros com que basear um eventual modelo futuro: (...) Esse tempo de futura estabilidade não é ainda o nosso tempo: aquele que vivemos é um tempo de passagem, um tempo em que os fundamentos tremeram, em que alguns ruíram de vez e em que há a possibilidade única de construir novos alicerces'.[36]

No início deste capítulo, no citado texto de Gomes Canotilho, constata-se de forma explícita ou implícita as questões centrais sobre as quais o presente trabalho pretende reflectir.

---

[34] Acordão de 02/07/1996 Proc. n.° 483/96 – Supremo Tribunal de Justiça – Portugal.

[35] Mendes, P. Sousa (2000) – op. cit., p. 32.

[36] Escarameia, P. (2003) – Prelúdios de uma Nova Ordem Mundial: O Tribunal Penal Internacional. *Revista Nação e Defesa*. Lisboa. 104, p. 13.

Em primeiro lugar, a total inadaptação do direito ao fenómeno das profundas e imbricadas interligações e implicações globais duradouras.

Em segundo lugar, a inadaptação do direito actual à defesa dos interesses das gerações futuras ainda não nascidas e, portanto, não sujeito de direito.

Em terceiro lugar, a constatação de que, entre as boas intenções dos textos legais e a realidade, nos confrontamos com a quase total ineficácia do direito do ambiente para inverter a destruição contínua da integridade dos componentes ambientais vitais.

Em quarto lugar, a conclusão de que não será realista querer resolver este problema monumental recorrendo apenas à criação de mais normativos legais, mantendo a lógica das soluções adoptadas no modelo de simplificação dos problemas ambientais de primeira geração.

Em quinto lugar, a constatação de que o problema ecológico é um problema do homem, no sentido de ser um problema da deficiente adaptação das sociedades ao meio.

Teremos que aceitar como normal toda este 'défice de execução' no plano dos direitos ambientais estaduais, e da generalização do 'direito proclamatório e exortatório'[37] no plano do Direito Internacional do Ambiente, também conhecido como *soft law*, criando o abismal vazio entre as enciclopédias de boas intenções das convenções internacionais e as realidades a que se destinam? A verdade é que o direito clássico terá um percurso de cerca de uns dois mil anos de história, e o direito do ambiente tem apenas pouco mais de vinte. E isto faz toda a diferença. Não só na sedimentação conceptual, como na sua inserção na estrutura e na cultura jurídica de uma sociedade.

'*O que faltou, e continua a faltar é a clareza conceptual e a determinação decisória quanto aos fundamentos, características e*

---

[37] FERNANDES, M. J. (2001) – Uma nova Ordem Jurídica Internacional? Novas do Sistema de Fontes. Contributos do Direito Internacional do Ambiente. *Revista Nação e Defesa*. Lisboa. 97, p. 188.

alcance da política de ambiente(...)',[38] afirmação que se subscreve na integra, substituindo apenas a palavra política pela palavra direito.

A evolução do direito do ambiente, mesmo sujeita a críticas de deficits de execução, foi abismal e arrebatadora. E todo o trabalho realizado é não só meritório como essencial para os passos que o futuro exige.

E a incompatibilidade do direito clássico, relativamente às exigências conceptuais do direito do ambiente, reside no facto de o direito clássico ter sido construído sobre o estigma da simplificação e o paradigma da divisão. Com Hobbes, o paradigma cartesiano invade também o direito e este torna-se numa arte de estabelecer limites, de fazer a separação das coisas, de determinar o meu e o teu e desenhar fronteiras, mesmo quando elas incidem sobre bens que se regem por outras leis alheias à vontade humana, 'ocultando tudo o que liga, interage, interfere,'.[39] Foi formatado para, a vários níveis, definir limites e não partes comuns. E em matéria ambiental o 'meu e o teu' não existem. A única casa que temos é feita apenas de partes comuns, pois todas elas estão interrelacionadas.

É necessária uma operação, uma conexão entre a complexidade objectiva da natureza e a nossa capacidade subjectiva de a representar no nosso sistema social, '*e pensar de uma maneira inovadora para poder inovar a própria realidade*'.[40]

Em psicologia estão estudadas as atitudes de resistência à mudança, como uma pré-disposição psicofísica que leva o indivíduo a tender ler-se e a ler o mundo à sua volta, não em dados do real, mas em dados da sua subjectividade. Mas independentemente das justificações de ordem psicológica, a verdade é que não podemos deixar de nos questionar sobre como é possível continuar a conce-

---

[38] SOROMENHO-MARQUES, V. (1994) – *Regressar à Terra. Consciência Ecológica e Política de Ambiente*. Lisboa: Edições Fim de Século, p. 26.

[39] MORIN, E. (2201) – op. cit., p. 9.

[40] SOROMENHO-MARQUES, V. (1994) – op. cit., p. 26.

ber abstracções jurídicas no mar, na terra ou no ar, e pensar, como aconteceu no caso 'Prestige' que, passando o petroleiro para as águas territoriais portuguesas, o problema de Espanha estivesse resolvido. Se o homem não consegue, *de factu*, dividir o mar, faz uma lei que o divida; e portanto, nesta lógica, se o petroleiro que está à deriva for para águas portuguesas, a Espanha declina qualquer responsabilidade, independentemente de as correntes marinhas levarem todo o crude de novo para a costa espanhola.

Esta situação que tem tanto de absurdo como de bizarro, é o triste efeito da 'antroporealidade' desconectada em que abstractamente vivemos. Porque a dura e inexorável realidade, não abstracta, em que também vivemos, é que independentemente do barco estar aqui ou ali, não serão só os espanhóis e portugueses a sofrer os danos que esta lógica inflige no ambiente, pois, mesmo que de forma indirecta, todo o planeta irá sofrer as consequências deste acidente, ao longo de várias gerações.

Vivemos, portanto, perante duas realidades. Uma que é a biosfera e a sua interdependência e complexidade, e outra que é a sociosfera com a sua representação abstracta do meio.

É, pois, um conflito interno de uma sociedade a dois tempos, que vive entre dois paradigmas, um que está a terminar mas que não termina, porque está profundamente enraizado na estrutura formal e axiológica da sociedade, e outro que está latente sob forma de ideal: em que a lei e doutrina são espiritualmente aceites por toda a comunidade, a sua simples menção corresponde a uma legitimação do agir e pensar social, sem que isso altere o agir e o 'padrão de relações'.

Estamos então condenados a mudar e a procurar as bases comuns de um novo direito que se adapte a um planeta indivisível e interligado, e que exige uma administração comum. Temos de aceitar a difícil operação de tradução, interligação e síntese das informações adquiridas ao longo dos tempos e encontrar um novo modelo que trate a biosfera como um organismo único.

O direito desempenhará um papel primordial na resolução do problema da deficiente adaptação das sociedades humanas ao meio, cabendo-lhe estabelecer a ponte entre os conhecimentos que as ciências naturais nos oferecem do meio e essas mesmas sociedades. Compete ao direito construir um sistema humano adaptado à complexidade da realidade ambiental, conciliando interesses que, muitas vezes, são apenas aparentemente incompatíveis. Tentemos, pois, partindo do direito que temos e da realidade ambiental que nos é imposta, encontrar no sistema jurídico, já construído, um sistema humano que seja adaptável à complexidade da natureza.

Tal como Pardo Díaz afirmou, relativamente à tecnologia, também o direito do ambiente foi até aos dias de hoje um mero ajuste técnico ao direito clássico, nunca penetrando na sua estrutura e nos seus fundamentos; na perspectiva de que se tratava de um 'direito do futuro', ou um 'direito de ponta', foi-se sucessivamente adiando a sua integração numa estrutura que, aliás, lhe é incompatível. Assim as normas *jus ambientais* têm funcionando apenas como um anexo desintegrado da estrutura clássica do direito.

É no 'padrão de relações' que o direito joga todo o seu papel em matéria ambiental, e deverá funcionar como o instrumento da sociosfera ao qual cumpre '*descortinar a norma válida para o caso concreto, ou seja, em realizar 'concretamente' o Direito, em fazê-lo 'operar' sobre situações da vida histórica, ela não poderá deixar de visualizar o Direito também em termos de não pôr aquelas intenções espirituais entre parêntesis. Quer isto dizer: a natureza do Direito, como produto do espírito, obriga-nos a ter presente a intencionalidade operante, uma vez que ele pretende dirigir o curso dos aconteres, moldar a história*'.[41]

---

[41] MACHADO, J. Baptista – Prefácio de KELSEN, H. (2001) – *A Justiça e o Direito Natural*. Coimbra: Almedina, p. 15.

CAPÍTULO II

Qual o problema jurídico em causa?

'É mais fácil fazer explodir um átomo,
que um preconceito'
ALBERT EINSTEIN

2. O PERCURSO INEVITÁVEL DO DIREITO INTERNACIONAL

2.1. As funções da territorialidade humana

Se, por um lado, a biosfera possui razões profundas, que radicam no seu próprio funcionamento interno, e que tornam o 'meu e o teu' da sociosfera irrelevantes, o direito alicerça a sua arte de estabelecer limites e desenhar fronteiras no próprio funcionamento interno da sociosfera. Esta estrutura de separação não surgiu por mero acaso ou por algum capricho da história. Surge de uma primária necessidade humana de existência de um espaço vital. Robert Ardey (1966) entendeu mesmo esta necessidade como um 'Imperativo Territorial'. Existem numerosos conceitos de territorialidade e, entre as posições 'naturalistas' – que reduzem a territorialidade ao seu carácter biológico, a ponto da própria territorialidade humana ser moldada por um comportamento instintivo ou geneticamente determinado – e as posições materialistas – para as quais o fundamento para compreender a organização do território é o das 'relações de produção' –, nenhuma delas fará uma correcta aproximação a uma realidade que manifestamente as ultrapassa. Embora válidas, serão redutoras da complexidade inerente a qualquer agrupamento territorial humano e dos múltiplos papeis sociais que a territorialidade desempenha e que se alargam a conceitos como defesa, espaço físico, possessão, exclusividade de uso, sinais, personalização, identidade, domínio, controlo, segurança, vigilância, privacidade, afectividade, simbologia, ideologia, cultura, politica e economia.

Portanto, um território é composto por várias territorialidades que se manifestam em todas estas dimensões. Será o resultado de uma interacção entre 'dimensões objectivas e subjectivas, concretas e abstractas, materiais e imateriais, emotivas e perceptivas'.[42]

Com a intenção de nos oferecer uma definição de territorialidade que abarque a maioria dos aspectos, Gifford (1987) define-a como 'um padrão de condutas e atitudes sustentadas por um indivíduo ou um grupo, apoiadas num controlo percebido, intencional ou real de um espaço físico definível, objecto ou ideia e que pode originar a ocupação habitual, a defesa, a personalização e a sinalização deste'.

No percurso humano, esta necessidade, de definir fronteiras e de apropriação do espaço físico, surge com o desenvolvimento da agricultura e a correlativa fixação das populações que são inseparáveis da necessidade de garantir o direito de propriedade e a defesa da propriedade em si mesma. O processo histórico de sedentarização, a organização da produção e a consequente autonomia económica dão origem à organização hierárquica e independência política, iniciando o processo da construção jurídica do estado como uma sociedade territorial, juridicamente organizada e dotada de soberania objectivada na realização do bem comum.

A necessidade imperiosa de estabelecer limites territoriais entre os diferentes povos surge, assim, como quase obedecendo a

[42] GIL, I. Castanha (2004) – Territorialidade e Desenvolvimento Contemporâneo, *Revista Nera*. 4, p. 3.

uma dialéctica, em que o espaço territorial de um povo é consequência de uma história de guerras e conquistas e o povo, consequência da capacidade histórica de um grupo resistir às pretensões, de domínio ou aniquilamento, de outros grupos. Num cenário como este cada povo vive a sua própria existência (embora dependendo sempre do momento histórico que vive) nesse 'sentimento profundo de fragilidade nacional, e o seu reverso, a ideia de que essa fragilidade é um dom, uma dádiva da providência, (...) uma espécie de milagre contínuo, expressão da vontade de Deus'.[43] Quando a soberania e o território são fruto de sangue e lutas de todas as gerações precedentes, elevadas à condição de mitos que 'conferem à vida a pouca ou inesgotável eternidade que esta comporta',[44] facilmente se compreende a dificuldade de cada povo para admitir qualquer situação em que haja a mais leve sugestão de retirar, diminuir ou comprimir a autoridade da sua soberania. Com efeito, aí tem residido o motivo da quase totalidade dos conflitos entre estados.

A luta pelo direito à propriedade mostrou-se sempre, através da história, um dos principais factores da dinâmica social, podendo o vínculo apropriativo ser individual, familiar, colectivo ou estatal. O fenómeno complexo da territorialidade e a aceitação de que ele é mesmo uma primeira necessidade, expressa por qualquer tipo de comunidade é, pois, uma condição base para podermos fazer uma correcta aproximação ao conflito entre as abstracções jurídicas realizadas pela sociosfera e a unidade factual da biosfera, a qual funciona como um único sistema que se auto-regula de forma intrincada.

Em 1968, o biólogo Garret Hardin publica 'Tragédia dos Bens Comuns'[45] em que descodifica um dos motivos do sucesso do

---

[43] LOURENÇO, E. (1999) – *Portugal como Destino seguido de A Mitologia da Saudade*. Lisboa: Gradiva, p. 12.

[44] Id., p. 74.

[45] HARDIN, G. (1968) – The tragedy of the Commons, *Science*. 162, 1243-1248.

modelo da separação e da propriedade ao longo da história da humanidade. A ideia chave apresentada é a seguinte: pelo facto dos recursos naturais pertencerem a todos, a sua utilização desordenada e competitiva na perseguição do interesse egoísta de cada um traz a ruína de todos. A inexistência de direitos de propriedade acompanhada da ausência de regras para a afectação sustentável do recurso, poderá na realidade levar à sua destruição e, por fim, à impossibilidade generalizada de se poder beneficiar dele. Hardin utiliza a imagem de vários pastores que alimentam o seu gado em determinados campos de pastagem: pelo facto de cada homem estar inserido num sistema que o impele a aumentar o seu gado sem limites, num pasto limitado, cedo terão como destino a ruína para a qual todos investiram. O benefício individual obtido por uns é sempre prejudicial para todos. A expressão 'The Tragedy of the Commons', de alguma forma revela a origem e as consequências da crise ambiental, de toda a tragédia com que a espécie humana se defronta, no início do século XXI. Para definir esta expressão, Hardin recorreu ao filósofo Whitehead que entendia a tragédia como 'o contemplar sem remorsos do desenrolar dos factos'. Explica ele que a essência da tragédia dramática não é a infelicidade, ela reside na ausência de remorsos com que se fazem as coisas. A inevitabilidade do destino só pode ser ilustrada por incidentes que envolvam uma grande infelicidade. E só por aí poderemos ver a futilidade da fuga como a evidência de um drama.'

Mas se, por um lado, a liberdade das partes comuns tem como consequência a tragédia de todos, por outro lado é inexequível a separação de bens insusceptíveis de apropriação individual ou estatal – e que dado o seu carácter peregrino são conceptualmente e materialmente bens comuns – porque as poluições atravessam fronteiras, zonas económicas exclusivas e espaços aéreos, independentemente das linhas que traçamos nos mapas.

2.2. **O período pré-alterações climáticas**

2.2.1. ***A divisão simples e a coexistência***

O período anterior à primeira grande mudança, o chamado período pré-moderno ou medieval (pelo menos para a cultura ocidental europeia, foi dominado pela *Respublica christianorum*) era baseado em duas referências de agregação política: por um lado, um conjunto de micro comunidades dispersas (as cidades) e, por outro, a macro-comunidade imperial, dominada pela autoridade papal, que seria um elemento coordenador e aglutinador de uma comunidade valorativa.

A primeira vaga de mudança, que veio alterar a centralidade da autoridade papal, está na base da concepção que ainda vivemos hoje, de uma organização geográfica espacial dos povos segundo um modelo estatocêntrico, em que o '*principio de descentralização*' de soberanias dispersas e o '*principio da desorganização*' (Rodriguez Carrión, 1994: 30) interna do relacionamento entre essas soberanias, são as pré-compreensões onde se alicerçam a estrutura e a lógica da comunidade internacional.

Neste processo de organização política, sobrevivem apenas as línguas, as culturas e os povos que na lógica da 'lei do mais forte', conseguiram afirmar a sua soberania como nação independente, em que o *dominium* estadual aparece como algo que existe *erga omnes*, no sentido em que este só existe em oposição e por confronto, às soberanias de todos os outros estados. A matriz relacional interestadual estava e ainda está hoje, em larga medida, dominada por uma pulverização de unidades territoriais autónomas entre si, e onde o estado exerce, em cada uma e entre os seus congéneres, de um modo absoluto e exclusivo, os poderes soberanos. Este *modus vivendi* tem funcionado como 'activador primário'[46] social, e tem

[46] Um 'activador primário', entende-se em psicologia como o impulso proveniente dos "instintos" da nossa (tantas vezes ignorada) 'animalidade'.

servido de 'padrão de relações' na sociedade internacional. A existência de cada estado realiza-se, 'por razões de prestígio, ou rivalidade politico-estratégica, por razões de inconfessável psicologia colectiva no relacionamento com o vizinho',[47] em competição e oposição.

Desde a concepção do estado moderno, todo o percurso histórico da organização dos povos revela uma marca de permanência do princípio da territorialidade como eixo estruturador dos regimes internacionais. O entendimento deste conceito de poder soberano territorial estadual é quase uma 'espécie de ampliação estatal da propriedade, ou seja, um *jus utendi, fruendi et abutendi* à escala nacional'.[48]

Apoiados numa noção de soberania fechada e autolegitimada em si mesma, os estados funcionam como '*communitae perfectae*' que são também '*suprema potestas*', isto é, que se entendem como não reconhecendo quaisquer outras autoridades, superiores ou inferiores, no plano nacional ou internacional. Portanto, o estado entende-se como omnipotente para, dentro do seu elemento território, garantir a resolução de todos os problemas que se colocam às comunidades humanas.

Nesta concepção clássica, o direito surge como um 'ajuste' e manifesta-se como uma 'coexistência de vizinhos' imediatamente justapostos, tentando compatibilizar interesses normalmente incompatíveis. Neste raciocínio, 'o direito é fortuito, esporádico, mínimo, abstencionista, ou demissionista perante o altar sagrado

---

sempre funciona como um 'impulsor clandestino' de 'actos primários' que, posteriormente, a ***Razão*** reconhece como 'desajustados à realidade' quer do indivíduo quer do meio em que ele mesmo está inserido. Chamamos-lhe 'primário' porque, realmente, não vê para além dos interesses do seu presente imediato.

[47] CASTRO, P. Canelas de (1998) – Sinais de (nova) Modernidade no Direito Internacional da Água. *Revista Nação e Defesa*. Lisboa. 86, p. 106.

[48] PUREZA. J. M.; LOPES, P. D. (1998) – A Água, entre a Soberania e o Interesse Comum. *Revista Nação e Defesa*. Lisboa. 86, p. 87.

da soberania do Estado, senhor todo-poderoso'.[49] E este é apenas o melhor dos cenários, porque o cenário alternativo era de apenas servir 'como mero instrumento de ratificação da força de factos impostos'.[50] Mesmo essa tentativa de conciliação de interesses circunscrevia-se ao âmbito da relação de vizinhança então perceptível, que era a do espaço fronteiriço.

Na mesma perspectiva simplificadora dos problemas ecológicos de 'primeira geração', o problema existe 'ali', está confinado ao local onde aconteceu. A relação internacional só existe quando o espaço físico em que o problema ambiental acontece está perto de uma linha de fronteira e as consequências deste são perceptíveis de lado de lá da linha divisória das soberanias vizinhas. Pode-se dizer que, de acordo com esta concepção jurídica, os problemas ambientais internacionais se circunscreviam a uma faixa de 20 a 30 Km junto de cada fronteira, onde as consequências de determinada actividade se poderiam fazer repercutir directamente e de um modo imediatamente perceptível no estado vizinho. É mesmo um direito com carácter relativo e tendencialmente bilateral, e que não deixa de estar correctamente dimensionado para as necessidades exigidas pela percepção dos problemas existente na época. Este entendimento está conforme com o Art. 21 da Declaração de Estocolmo de 1972, em que os estados, na utilização livre e discricionária dos seus recursos naturais, não deveriam prejudicar seriamente a integridade territorial dos seus vizinhos.[51]

Além destes condicionalismos, seria ainda necessário aferir se, em sede de uma eventual responsabilidade internacional, se conseguia encontrar um nexo de causalidade entre um facto ocorrido de um lado da fronteira e um dano sentido do outro lado e se essa conduta estava ou não isenta de eventual culpa.

---

[49] CASTRO, P. Canelas de (1998) – op. cit., 86, p. 108.

[50] Ibid.

[51] CASTRO, P. Canelas de (1994) – Mutações e constâncias do Direito Internacional do Ambiente. *Revista do Urbanismo e do Ambiente*. Coimbra. 2, p. 155.

Este direito de vizinhança, também chamado da 'primeira idade do direito internacional' mostra-se desconectado da realidade biológica da biosfera, e estando-lhe ainda vedado qualquer entendimento sobre as interligações globais que actuam para além das soberanias nacionais.

Completamente esvaziado de uma noção global de interesses comuns e mais ainda de valores comuns, o direito internacional do ambiente exerce-se apenas e só na exacta medida em que, dentro de uma escala temporal imediata, existe um dano que colida com os interesses humanos do momento, sendo portanto uma mera reacção a questões pontuais e acidentais.

No plano inter-estadual global, a presunção da inesgotabilidade dos recursos naturais condiciona o entendimento de que os elementos naturais – materialmente insusceptíveis de divisão: a hidrosfera e a atmosfera – são encarados como *res comunis* (coisa comum ou domínio comum), ficando sujeitas ao princípio da liberdade de utilização, uma vez que, sendo infinitos, o seu uso ilimitado não poderia constituir qualquer tipo de problema. Assim dispensa-se qualquer tipo de gestão comum que organize os vários usos privados. O uso destas partes comuns faz-se em competição e por exclusão, pois o uso que cada um consegue fazer desse bem comum faz-se sempre excluindo os demais. O princípio da desorganização traça o caminho da afectação insustentável dos recursos comuns.

Mesmo nos primórdios do direito internacional, simbolizado nos tratado Paz de Westefalia (1648), no período da génese do que entendemos hoje como o estado moderno, em plena época de consolidação da fragmentação do território em estados soberanos, a realidade de facto de um planeta uno impôs-se sobre as abstracções dominiais, com o triunfo do *mare liberum* sobre o *mare clausum,* transformando o mar no primeiro 'reservatório de unidade e abertura ao universal'.[52]

---

[52] Pureza, J. M.; Lopes, P. D. (1998) – op. cit., p. 87.

O mar e sua unidade material insusceptível de divisão, veio desafiar a viabilidade das construções jurídicas abstractas de divisão e apropriação dos sistemas humanos sobre a biosfera. Em paralelo, também os problemas causados pelo uso e repartição da água nas bacias hidrográficas, atravessadas por fronteiras, e o enorme leque de problemas daí decorrentes, constituíram um laboratório jurídico de confronto entre a abstracção jurídica da sociosfera e a unidade material e irrepartível da biosfera. Iniciou-se aí um caminho que, todavia, ainda está longe da conciliação e integração dos sistemas humanos e naturais.

O elemento água foi assim o primeiro a desafiar o conceito de soberania clássico: 'à lógica telúrica, a água contrapôs frequentemente a primazia da comunidade de interesses. Palco constante das construções segmentadoras típicas do sistema político moderno, a água constitui um lugar de permanente desafio à soberania'.[53] E é pelo mar e pelas águas que vêm do mar, e que circulam momentaneamente na crusta terrestre, que começa o processo de esvaziamento da capacidade do conceito clássico de soberania para explicar uma realidade que o transcende.

Com o modelo moderno ou da Carta das Nações Unidas, iniciou-se paulatinamente um processo que está ainda em desenvolvimento, e visa, no essencial, a criação de uma hierarquia organizacional que responda às com eficácia às múltiplas necessidades comuns a todos os estados, os quais formam assim uma verdadeira comunidade de interesses. Esta evolução tem estado profundamente marcada por um impasse histórico de um mundo que sabe que tem de mudar, mas que para todos os efeitos ainda não mudou. E todo o percurso do direito internacional poder-se-á resumir a uma longa história da dificuldade experimentada por cada estado em aceitar a inevitabilidade da afirmação de Paul Valéry: 'um estado sozinho está em má companhia'.

[53] Ibid.

2.2.2. *O direito proclamatório e a enciclopédia de problemas*

Com a percepção dos problemas ambientais de segunda geração e pela emergência de uma consciência que se aproxima daquelas que serão as interligações globais da biosfera, passamos de um Direito Internacional do Ambiente transfronteiriço para um projecto de evolução de um Direito Internacional Global. O facto de o simples uso ou qualquer tipo de dano provocado num bem ambiental, dentro dos limites territoriais de qualquer estado, se repercutir de forma duradoura e cumulativa ao nível global, abala toda a estrutura do edifício jurídico inter-estadual clássico.

O processo iniciou-se numa época em que as ameaças globais ainda eram apenas previsões científicas. O primeiro problema que, de facto, nos confrontou com a realidade global e interligada foi o problema da utilização dos CFC's e do consequente buraco na camada de ozono. A estrutura mantém-se e inicia-se o processo de erosão. O confronto entre essa realidade iniludível e os 'activadores primários' territoriais, em que estamos formatados, resolve-se pretensamente pela proclamação daquilo que já 'deveríamos ser', no que todos estamos de acordo, desde que, como é evidente, isso não altere 'aquilo que somos'. Mais uma vez os mecanismos psicológicos de protecção e defesa se sobrepõem à razão, não se mostrando necessário questionar aquilo que é preferível não entender.

A primeira manifestação deste interessante processo de transformação da sociedade internacional, em que estamos envolvidos, manifesta-se num aperfeiçoamento do Direito de Vizinhança que está a meio caminho do despontar de um Direito dos Comuns. O problema das poluições transfronteiriças é agora acompanhado de preocupações globais e, portanto, os interesses predominantes deste direito já não serão os 'interesses particulares, mas valores comuns, de primeiríssima importância; e desde logo o da biosfera que, doravante, vale '*per se*' e não em função do Homem'.[54]

---

[54] Castro, P. Canelas de – op. cit., p. 176.

As referências a 'fundamentos que tremeram, em que alguns ruíram'.[55] começam a aparecer nos mais variados textos sobre direito internacional, em que a necessidade de uma nova ordem jurídica internacional é o tema central de uma multitude de debates, estudos e discussões. A questão ambiental junta-se à procura da paz e à fome e, a partir da Conferência do Rio em 1992, ainda mais metas e objectivos vieram adensar as já longas 'enciclopédias de problemas insolúveis'.[56]

A evidência da instalação da crise ecológica e a procura de consensos, para encontrar estratégias que invertam um percurso que ameaça ser irreversível para a espécie humana, deram origem a uma proliferação de textos convencionais, fóruns, protocolos e declarações de princípios que declaram o planeta como 'património comum da humanidade', acompanhados normalmente por um 'anuário de catástrofes potencialmente disponíveis que constitui um Himalaia de problemas capazes de dar vertigens à imaginação mais fértil',[57] e à generalização do 'Direito proclamatório e exortatório'[58] no plano do Direito Internacional do Ambiente, também conhecido como *soft law*, e que mais não é que um catálogo de piedosas intenções. Um direito que se situa a um 'nível principal, dos princípios ou seja em enunciados de grande abstracção e generalidade com uma densidade normativa ou obrigacional fraca: as obrigações que contém são pouco numerosas, mais de 'non facere' (não matar espécies sensíveis) que 'facere' (estabelecer reservas, santuários, parques naturais) e pouco constrangentes ou elásticas, por vezes com uma manifestante tímida e assustada ('explorar a possibilidade de', 'considerar', 'considerar a possibilidade de estabelecer'); indicam mais fins (obrigações de fins) que meios (obrigações de meios), quando pretendem ter conteúdo e sentido limitativo poucas vezes são quantificadoras, a sua realização

---

[55] Escarameia, P. – op. cit., p. 13.

[56] Bachelet, M. (1995) – op. cit., p. 192.

[57] Id. p. 87.

[58] Fernandes, M. J. (2001) – op. cit., p. 188.

não está sujeita a qualquer horizonte temporal. (...) São cartas de intenções.'[59]

O problema é que a matéria ambiental é sentida pelos estados como uma restrição do núcleo duro da soberania, nomeadamente no que diz respeito ao elemento territorial e, portanto, a negociação de convenções é sinónimo de ajuste de um texto que servirá apenas de denominador comum de intenções, sem qualquer conteúdo obrigacional útil, uma vez que o tipo de vinculação a estes protocolos permite a cada estado escolher as obrigações a que se vincula. Este direito convencional, ao contrário do direito dos vizinhos justapostos, tem já um carácter multilateral com uma, tão necessária, aspiração ao universal. Mas talvez até por esse motivo, tem apenas uma função de sensibilização para as questões ambientais dos estados e não a de constituir um corpo de normas jurídicas com carácter vinculativo. Do ponto de vista dos estados, a *soft law* não se traduz em qualquer ameaça à soberania, na medida em que não lhe atribuem força vinculativa. Assim sendo, os estados acabam por consagrar nos textos *soft law* posições que não estariam dispostos a aceitar num texto convencional.

Perante este alargamento das convenções ao universal, numa clara lógica do 'é melhor isto que nada', cria-se um direito que proclama e exorta. Alguns autores entendem mesmo que ele funciona 'como cavalo de Troía de novos conteúdos para forçar a entrada na cidade fortificada das fontes tradicionais (...)'[60]

A dimensão dos problemas não reside no problema em si, mas na capacidade de resolução de quem é confrontado com o problema. E quando a natureza revela as reacções aos estímulos a que foi sujeita, pela actividade dos homens, e se tem pela primeira vez a percepção de que os problemas ambientais são globais, o comportamento reactivo dos estados é um de dois: ou ignoram, fugindo acreditar que os problemas que não se conseguem resolver não

[59] CASTRO, P. Canelas de (1994) – op. cit., p. 160.
[60] FERNANDES, M. J. (2001) – op. cit., p. 200.

existem, (nesta hipótese inclui-se a variável de invocar a incerteza científica para argumentar pela inexistência do problema) ou tentam adaptar o problema à nossa realidade fazendo meros 'ajustes tecnológicos' e grandes declarações de intenções que, embora necessários, não são suficientes.

Quando 'nada nos garante que a presente crise histórica tenha qualquer desenlace feliz à vista'[61] e, pelo contrário, se torna urgente podermos manter inabalável a esperança de perspectivarmos uma solução para o futuro dos nossos filhos, este direito proclamatório e exortatório, parece-nos pouco, demasiado pouco para aquilo que a sociedade já sente como urgência, e servirá apenas para mitigar as consequências que se sabe poderem ser devastadoras. Alterar o padrão de relações será não só uma obrigação ética, mas também uma necessidade biológica que a 'consciência de si' nos trouxe: a necessidade de perspectivar o futuro.

A fase de sensibilização já passou, e são precisas soluções práticas e exequíveis. Das previsões científicas passámos às análises dos factos; e o planeta está mesmo a aquecer e ninguém tem acesso a um botão para baixar a temperatura. Este é um assunto fora da jurisdição soberana estadual, e nenhum estado está em posição de não se vincular ao aquecimento global.

Todos os documentos que conduziram ao conceito 'património comum da humanidade', esbarram invariavelmente num problema jurídico de base do direito internacional, que continua por resolver, e que resume a preposição de Hardin: ser de todos, sem haver gestão do que é comum, é ser de ninguém.

Foram estes argumentos que levaram o embaixador de Malta nas Nações Unidas, Arvid Pardo, em 17 de Agosto de 1967, à apresentação de uma novidade radical com uma comunicação intitulada '*Declaração e tratado sobre a reserva exclusiva para fins pacíficos do leito do mar e do fundo do oceano subjacentes a águas situadas além dos limites actuais da jurisdição nacional, e sobre a utilização*

[61] Soromenho-Marques, V. (1994) – op. cit., p. 69.

dos seus recursos em benefício da Humanidade', que se converte num marco histórico do direito internacional mais recente.

É na Declaração de Pardo que pela primeira vez se ouve falar de 'Património Comum da Humanidade', e se tenta encontrar uma alternativa às insuficiências normativas do regime de *res communis*, que se configura ao regime da livre apropriação. Entre outras características, que serão desenvolvidas posteriormente, acentua-se a necessidade de uma administração universalmente participada e subordinada à liberdade e à equidade. Como primeiro resultado prático desta declaração, após anos de longas e aturadas negociações e experiências, surge a institucionalização da Autoridade Internacional dos Fundos Marinhos, que constituiu um importante precedente de centralização e hierarquia nas organizações internacionais de vocação universal, e materializa o princípio da superioridade do interesse público da humanidade. Este marco histórico foi diagnosticado por Felipe Paolillo (1984:153) da seguinte forma: 'A comunidade internacional não estava preparada para corporizar em estruturas orgânicas a revolução institucional que havia iniciado nas atribuições funcionais. Consequentemente, a ideia de uma Autoridade com elevado grau de integração e autonomia não foi nunca seriamente considerada: a forma não seguiu a função'.

As tentativas para uma solução comunitarista têm já uma longa história de aproximações. São disso exemplo, embora sem carácter universal, o processo que conduziu ao regime jurídico da Antártida, as longas e complexas negociações que levaram à Convenção das Nações Unidas sobre Direito do Mar de 1982, e ainda o Acordo de 1979 sobre a Lua e outros corpos celestes.

Jean-Pierre Levy (1985:537) constata a ingenuidade das pretensões de um regime jurídico para o 'património comum da humanidade' e de uma possível exploração equitativa e um aproveitamento verdadeiramente internacional, e concluiu: 'Passou-se das ilusões fundadas numa visão optimista da possibilidade de estabelecer relações inter-estaduais, de natureza diferente, e na ignorância de certas relações económicas e técnicas, para um sistema de compromisso e para um conjunto de medidas que levam largamente em conta a perenidade dos interesses egocêntricos dos Estados e as realidades da vida económica internacional'.

O texto final da Convenção das Nações Unidas sobre Direito do Mar, foi condicionado a uma série de Anexos, que mais não são do que uma recomposição de equilíbrios que levaram a Acordos específicos, relativos a Partes da Convenção. Nas palavras de Levy, referindo-se à Resolução 48/263 de 28 de Julho de 1994, (1994: 890), ela 'é indiscutivelmente um protocolo de alteração'.

J. M. Pureza resume desta forma lapidar a inocência das pretensões comunitaristas, quando confrontadas com a realidade da visão dominante: 'Do sonho de Arvid Pardo (1967) à Resolução 48/263(1994) vai um longo caminho. O que inicialmente irrompeu como um mecanismo jurídico susceptível de operar, a partir dos fundos marinhos, uma ruptura decisiva com o Direito Internacional ratificador das relações de poder estabelecidas veio, passo a passo, a ser comprimido primeiro, e descaracterizado depois, para restar apenas uma proclamação retórica desvitalizada, quase desprovida de consequências normativas. O grito de alerta de Pardo – já não o inicial e genuíno, que incluía todo o espaço marítimo, mas aquele, relativo somente aos fundos marinhos longínquos, que as circunstâncias diplomáticas de 1967 permitiram – por onde passava uma inquietante denúncia da inadequação do clássico princípio da liberdade de acesso, utilização e apropriação de recursos dos espaços internacionais comuns à esgotabilidade, cada vez mais rápida, desses recursos, não foi escutado. O imperativo da definição de regras de distribuição equitativa dos benefícios esfumou-se diante dos interesses dos países desenvolvidos e a institucionalização da novidade não foi lograda. Na clássica dialéctica entre o poder dos Estados e a comunidade prometida pelo Direito, o primeiro sobrepôs-se. Resta a modéstia própria do simbólico para a segunda'.[62]

---

[62] PUREZA, J. M. (1998) – *O Património Comum da Humanidade: Rumo a um Direito Internacional da Solidariedade?* Porto: Edições Afrontamento, p. 246.

E não parece que seja um erro de generalização resumir as duras e quase infindáveis negociações internacionais em matéria de Natureza, Recursos e Património Comum, nesta frase.

A história da concretização destas tentativas de formulação de um quadro jurídico alternativo à inevitável 'tragédia dos comuns' do regime *res communi* é ilustrativa da lógica do período pré--aquecimento global que continua dominante.

Passados quase 10 anos sobre a conclusão de J. M. Pureza, num período que podemos classificar de pós-aquecimento global, poderíamos glosá-la da seguinte forma: *Na clássica dialéctica entre o poder dos Estados e a soberania prometida pela natureza, a segunda sobrepôs-se. Resta a modéstia própria do simbólico para a primeira.*

2.3. **O Período pós-Alterações Climáticas**

2.3.1. ***Um único organismo auto-regulado***

Durante as últimas décadas do século passado, com a invenção do ECD, um detector de captação de electrões inventado por James Lovelock, percepcionam-se de uma forma científica as 'ligações ocultas'. Com este aparelho simples e milagroso, os ecologistas descobriram resíduos de pesticidas por todo planeta, com efeito, nas próprias palavras do autor, o 'ECD é tão sensível que se derramarmos uma garrafa de perfume no Japão sobre uma manta, duas semanas depois o detector poderia receber partículas desse perfume no ar de Londres'. A partir deste momento, nunca mais a visão que o homem tem do mundo poderá ser a mesma.

Nos inícios dos anos 70, Lovelock leva esse aparelho para a Antárctida e descobre que os níveis de CFCs na atmosfera atingem as 40 partes por milhão, o que virtualmente poderia querer dizer que todos os CFCs produzidos desde os anos 30, se mantinham no ar. Em 1973, publica um artigo onde prefere nem conceber a dimensão da ameaça: 'A presença destes compostos não constitui uma ameaça concebível'.

A ideia de que entre o espaço físico da crusta terrestre, o mar, a atmosfera e os seres vivos existem essas profícuas e intricadas interligações que sustentam a vida e que fazem o planeta funcionar como um único organismo vivo, surge pela primeira vez, ainda nessa década, proposta pelo próprio Lovelock, com a sua teoria de Gaia,[63] nome escolhido por ser o da deusa grega da Terra. Lovelock argumenta que a proporção de oxigénio na atmosfera, a formação de nuvens e a salinidade dos oceanos possam ser processos físicos, químicos e biológicos, e que ocorrem como num organismo vivo capaz de manter constantes as suas condições internas, apesar das modificações sofridas pelas condições exteriores. A sua tese defende que 'o auto-controle do clima e da composição química do meio em que vivemos é um processo que resulta da evolução em conjunto das rochas, do ar e do oceano – além da evolução dos organismos. Esta auto-regulação, embora raramente optimizada, como podemos ver através das anormalidades climáticas que ocorrem, todavia mantém a Terra em condições de habitabilidade'. O processo de surgimento desta teoria teve origem na colaboração do autor com a NASA, durante a missão Viking que tinha como objectivo procurar vida em Marte. Nas suas palavras, a missão estava a ser preparada 'como se fossem procurar vida no deserto de Nevada. E eu não fazia mais do que lhes dizer: como podeis pensar que a vida de Marte, se houver vida, vai crescer no meio das condições que vocês prepararam? A vida ali pode ser completamente distinta! – Foi então que me perguntaram: Tu o que farias? – Bom, eu procuraria encontrar uma redução de entropia. E dentro da comunidade científica de biólogos, ninguém parecia ter uma ideia clara sobre o que era a entropia. E isso forçou-me a desenvolver uma análise atmosférica que marcaria as condições que podem levar à existência de vida, e assim surgiu

---

[63] LOVELOCK, J. (1996) – *GAIA. A Prática Científica da Medicina Planetar*. Lisboa: Edições Piaget.

GAIA'. O raciocínio foi de que os gases da atmosfera reagem muito rapidamente uns com os outros e, no entanto, a atmosfera da Terra tem permanecido estável durante muito tempo; logo, o único elemento que poderá ter mantido esse equilíbrio é a vida.

As conclusões a que chegou Lovelock foram de que o equilíbrio químico de uma atmosfera possui um índice muito alto de entropia, o que é o mesmo que dizer de desordem. E que quando se encontra uma atmosfera com uma entropia baixa, em que haja demasiado metano, ou oxigénio, ou qualquer outra ordenação química anómala, isso indica presença de vida. Porque é a vida que altera o equilíbrio químico e o ordena. A vida é geradora de ordem. O conjunto de seres vivos, acrescidos do ar, do oceano e das massas de terra firme, forma um sistema complexo capaz de manter as condições para a vida.

Portanto, o acto multirelacional que é a vida, e que nos imerge numa esfera de relações que se exercem não só entre os membros da mesma espécie mas com outras espécies e com o meio, alarga-se ainda mais pelo facto de todos os seres vivos influenciarem em maior ou menor grau o ambiente. 'Por exemplo, cada individuo liberta um pouco de dióxido de carbono, contribuindo para o ciclo do carbono e para a respiração do mundo. Sem esta mistura de gases a vida não seria a mesma onde quer que fosse. Sem plantas verdes não haveria oxigénio'.[64]

Assim, muito ou pouco, através do mar ou do ar, cada espécie da terra está ligada a todas as outras num sistema de mutuas interligações. Cada uma das espécies influencia a sobrevivência de todas as outras. Desde que Gaia foi publicada, a sua teoria foi ardentemente debatida na comunidade científica. A questão foi de tal forma polémica e clamorosa que até o nome da teoria deveria ser alterado. A teoria foi rebaptizada de 'Ciência do Sistema Terrestre' por se discordar do nome atribuído pelo autor. Na altura da polémica perguntava-se: se Gaia existe, ela não se pode estudar por partes?

---

[64] WEINER, J. (1991) – *Os Próximos 100 Anos*. Lisboa: Gradiva p. 270.

Será sempre difícil demonstrar a existência de um sistema global do qual somos apenas uma pequena parte. No entanto, existem já provas seguras da sua existência e muitas das suas constatações foram comprovadas pelos piores motivos. A questão do buraco do ozono, o aquecimento global...

Mas a polémica era mesmo inevitável. Todos falamos na interdisciplinaridade, na necessidade de se realizarem aproximações holísticas, mas quando confrontados com uma visão global, o método do sistema fragmentado e especializado em que o nosso conhecimento está alicerçado, não encaixa com explicações globais que necessariamente não são de disjunção e de redução.

Qual então o novo método? 'Juntai a causa e o efeito, e o efeito voltará sobre a causa, por retroacção, o produto será também produtor. Ides distinguir essas noções e ides juntá-las ao mesmo tempo. Ides juntar o Uno e o Múltiplo, ides unir, mas o Uno não se dissolverá no Múltiplo e o Múltiplo fará apesar de tudo parte do Uno. O princípio da complexidade, de qualquer modo, basear-se-á sobre a predominância da conjunção complexa. Mas, ainda aí, creio profundamente que é uma tarefa cultural, histórica, profunda e múltipla'.[65] Lidar com incertezas e sistemas complexos globais será mais uma tarefa cultural do que propriamente científica.

Não será então estranho que as acusações desferidas contra a hipótese de Gaia incidissem essencialmente sobre a descrição da terra como um ser vivo. O problema não era o facto de a teoria constituir uma tentativa de explicar a existência de um sistema global, mas sim a eventual personificação. O problema era cultural. E Lovelock teve mesmo de se explicar: 'Neste livro descrevo frequentemente o ecossistema planetar, Gaia, como algo vivo, porque ele se comporta como tal, na medida em que a temperatura e a composição química são activamente mantidas a um nível constante perante as perturbações. Ao fazê-lo tenho consciência de que o termo propriamente dito é metafórico, e de que a Terra não está viva

[65] Morin, E. (2001) – op. cit., p. 112.

da mesma forma que vocês ou eu, ou mesmo uma bactéria. (...) A utilização que faço do termo 'vivo' é semelhante à de um engenheiro, que chama vivo a um sistema mecânico para distinguir o seu comportamento quando está ligado, do seu comportamento quando está desligado ou morto. (...) Gaia é afinal apenas uma outra forma de olhar os mistérios da Terra'.[66]

Certo é que depois das dúvidas e das polémicas que a publicação de Gaia suscitou, vieram os doutoramentos 'honoris-causa', os prémios e a teoria de que o planeta se auto-regula está hoje praticamente aceite por todo o mundo, com ou sem o polémico nome de Gaia, com ou sem a demonstração global do seu funcionamento. Na sua auto-biografia, Lovelock cita o psicólogo William James sobre o lento processo de aceitação de uma nova ideia: 'Primeiro as pessoas dizem: 'É algo absurdo'. A seguir dizem: 'Na melhor das hipótese poderá ter razão'. E por último dizem. 'Isso é algo que sabíamos já há muito tempo'. O reconhecimento chega mais uma vez tarde e pelas mesmas razões de sempre: os factos. Infelizmente para todos nós, e sobretudo para as próximas gerações, as alterações climáticas e as suas 'ligações ocultas' vieram demonstrar que 'a única dimensão respeitável para o ambiente é o próprio planeta. Em consequência, por mais dignas de consideração que elas sejam, as fronteiras dos Estados não são linhas de separação dos elementos físicos constitutivos da natureza'.[67]

E para quem estava à frente do seu tempo, e tem a possibilidade de, em vida, defrontar-se com os resultados das suas previsões, existe toda a legitimidade para, em 2006, publicar 'A Vingança de Gaia', onde se afirma que, ainda antes dos anos 50 deste século, os pólos já poderão estar derretidos, e que por essa altura grande parte de Londres e muitos outros lugares da terra estarão submersos. No final deste século, restarão 500 milhões de humanos que viverão

---

[66] Lovelock, J. (1996) – op. cit., p. 12.

[67] Bachelet, M. (1997) – op. cit., p. 257.

nos pólos, os únicos sítios onde restarão condições de vida para o homem.

Pelo meio, muitas doenças, guerras e muito sangue, como, por exemplo, 70 milhões de pessoas a fugirem de um país alagado como o Bangladesh à procura de um lugar para serem recebidos...

Desde as primeiras medições, realizadas nos inícios dos anos 60 pelo Prof. Roger Revelle – que o ex-vice presidente norte-americamo, Al Gore, popularizou no seu documentário 'Uma Verdade Inconveniente' – percebeu-se que algo estava a acontecer na atmosfera, com o aumento das quantidades de carbono atmosférico provenientes da queima de combustíveis fósseis. O aumento do CO_2 acompanhava o aumento da temperatura. Estava confirmada a possibilidade de alterações climáticas previstas por Svante Arrhenius, ainda no final do séc. XIX. Se inicialmente as dúvidas existiam para muitos, as alterações climáticas são uma realidade comprovada em centenas de relatórios científicos os quais estimam que, se nada se fizer, as temperaturas globais aumentarão entre dois a três graus nos próximos 50 anos. Se até há pouco tempo a discussão se centrava sobre qual a melhor forma de reduzir as emissões de dióxido de carbono e outros gases responsáveis pelas alterações climáticas, hoje é claro que qualquer imposição de limites será demasiado pequena e virá sempre demasiado tarde, para prevenir um aquecimento significativo, facto encarado por todos como inevitável. O que mais uma vez se afirma é que, embora se reconheça que estas previsões são da maior importância para poder informar e planear uma actuação mitigante, a discussão não se deve centrar nos prognósticos catastróficos de Lovelock ou nos diferentes números que cada relatório aponta. Ao contrário, devemos reconhecer-lhes como denominador comum, que todos apontam no mesmo sentido, independentemente das diferentes dimensões de cada previsão. E isso implica que, além das adaptações tecnológicas que teremos de realizar, se repense a organização da forma como os humanos habitam o planeta, e que a necessária adaptação tecnológica seja acompanhada de novos 'padrões de relações'.

Furacões, ondas de calor, cheias, secas são alguns dos fenómenos extremos que estamos já a experimentar. O facto de que vão acontecer alterações significativas requer uma acção conjunta e coordenada. E isso só será possível se existir uma entidade que a concretize.

O elemento novo e mais decisivo que as alterações climáticas importaram para o jogo das relações internas da sociosfera é que, em definitivo, tudo está ligado. Quando ainda há poucos anos o mar era esse primeiro 'reservatório de unidade e abertura ao universal',[68] hoje, esta unidade e abertura ao universal expande-se à atmosfera e ao global, tudo passa a estar simbioticamente dependente. O mar deixa de ser um reservatório dessa unidade, e passa a ser apenas um dos elementos da unidade planetária aberta a toda a biosfera.

Qualquer crítica apontada à chamada 'pedagogia da catástrofe' deverá ter em conta que todos os que a usam ficariam profundamente felizes se, daqui a 20 ou 30 anos, se provasse que o aquecimento global afinal era um enorme embuste, como já lhe chamaram. Nesta teia da complexidade e incerteza da natureza, o nosso erro seria uma bênção. O único problema reside na hipótese de os cépticos estarem enganados, e o caminho de volta já não ser possível. E viver o presente sob a ameaça da 'maior das injustiças, essa que seria a eliminação das possibilidades das gerações futuras no altar sacrificial de um presente insustentável e suicidário',[69] é absolutamente insuportável para os actuais pais. Todos têm igual legitimidade e direito a serem cépticos ou pessimistas. Ninguém tem o direito de impor e transferir o risco para as crianças já nascidas ou por nascer. Essa seria a mais horripilante das arbitrariedades, isto é, 'o perigo de para mantermos o presente estilo de existência comunitária se eliminar a teia frágil dos ecossistemas, do tecido

---

68 Pureza, J. M.; Lopes, P. D. (1998) – op. cit., p. 87.

69 SOROMENHO-MARQUES V. (1998) – O *Futuro Frágil: Os Desafios da Crise Global do Ambiente*. Mem Martins: Publicações Europa-América, p. 24.

biofísico de que depende a vida da nossa e de muitas outras espécies'.[70]

Nenhum animal, incluindo o homem, vive isolado de outros membros da mesma espécie e de seres de outras espécies e do meio. Viver é sempre um acto, uma existência multirrelacional em qualquer forma de vida. Toda a vida é uma dinâmica de inter-relações que agora se alargam ao universal. Todos dependemos de todos.

A ideia de Lovelock de que a terra funciona como um organismo que se auto-regula coloca, aos políticos, filósofos, economistas, ambientalistas, juristas e a todos os cidadãos, um desafio dramático.

2.3.2. ***As alterações climáticas e a soberania da natureza***

'O ambiente, talvez mais que qualquer outro assunto, ajudou a cristalizar a noção de que a humanidade tem um futuro comum'.[71]

A parábola de Hardin concretiza-se e a liberdade das partes comuns aliada à perseguição do interesse egoísta de cada um trará a ruína de todos. Este é o cenário e o momento em que o aquecimento global entra de forma arrasadora na cena internacional, estabelecendo um marco que está na base do que distingue o pré-aquecimento global do pós-aquecimento global. Este facto impõe uma necessária inversão da posição dos sujeitos entre os 'ingénuos que acreditam que se possam estabelecer relações inter-estaduais de natureza diferentes' e os 'pragmáticos que acreditam nas medidas que levam largamente em conta a perenidade dos interesses egocêntricos dos Estados e as realidades da vida económica internacional'.

---

[70] Ibid.

[71] Comissão sobre a Governação Global, no seu relatório *A nossa vizinhança global*. 1995, p. 208.

São muitos os autores que interpretam o período em que vivemos como o momento da segunda vaga de transformação da sociedade internacional. As vagas de transformações ou revoluções acontecem pela 'ordem natural das coisas'. Nos fenómenos sociais de mudança, embora sempre complexos e incertos, a metamorfose incorpora um processo degenerativo e um outro processo simultâneo que, na mesma proporção e em sentido oposto, vai dando forma a uma visão que responda à nova realidade percepcionada. A gestação da génese será mesmo este fecundar sincronizado de dois processos opostos, degeneração e geração, que de uma forma simbiótica se completam e se metamorfoseiam. O tempo, 'esse grande escultor' faz a sua obra e o que tiver que mudar, inexoravelmente muda. 'Um paradigma, se tiver que ser formulado por alguém, por Descartes por exemplo, é, no fundo, o produto de todo um desenvolvimento cultural, histórico e civilizacional'.[72] Nada acontece por acaso. E se o conceito tradicional de soberania é hoje considerado desajustado à visão que já temos da biosfera, é porque, como muito bem explicam Camilleri e Falk (1992,171)[73] 'a legitimidade do discurso da soberania reside na sua capacidade explicativa da realidade, pelo que, à medida que diminui a sua aptidão para reflectir a situação real do mundo, torna-se crescente a erosão da sua legitimidade. E, de entre todas as áreas em que o discurso da soberania deixou de poder retratar acertadamente os factos, é justamente no crescimento do fosso entre a teorização da realidade por ele ensaiada e a realidade mesma da dinâmica ecológica da biosfera, que mais clara se torna essa perda de legitimidade'.

Ora, perante esta factualidade iniludível que é o ambiente, a soberania, ou melhor, a visão clássica da soberania implode por desconectação, descontextualização e inadaptação. Para ser mais correcto, esta implosão realiza-se apenas ao nível da apreensão

[72] MORIN, E. (2001) – op. cit., p. 112.

[73] Cit. por PUREZA, J. M. (1998) – op. cit., p. 266.

unânime de que os conceitos existentes estão desajustados à nova realidade percepcionada, porque ao nível do padrão de relações instituídas, essa nova realidade da biosfera defronta-se com uma igualmente iniludível necessidade humana de territorialidade e separação.

Nestas esferas de relacionamento da espécie humana, o planeta é um elemento pré-existente, mas no entanto um recém-chegado na cena internacional. A sua presença neste jogo, vem alterar por completo os equilíbrios instáveis das relações entre os vários povos, com uma presença imposta na cena internacional, condicionando todos os grupos geossociais de forma homogénea e fazendo tábua rasa das competições e jogos pré-estabelecidos do relacionamento entre estados.

O planeta será então o motivo e razão mais profunda desta segunda vaga de mudança, que terá sido iniciada no momento em que as interligações globais se tornaram perceptíveis e se despoletou o processo de erosão química e física dos conceitos que estiveram na base da primeira vaga de mudanças.

Se a cruzada verde de Al Gore, com o seu documentário 'Verdade Inconveniente' promove a entrada do assunto na sociedade, no dia 21 de Outubro de 2006, o economista Nicholas Stern, ao apresentar os resultados do estudo encomendado pelo governo britânico sobre a *Economia das Alterações Climáticas,* toca no argumento mais eficaz, e promove a entrada deste assunto na *Real Politic.* O relatório não será mais do que o momento em que se apresenta a factura. Os resultados são desoladores: uma quebra de 5% do PIB mundial que pode atingir os 20%, se não forem tomadas medidas drásticas e praticamente imediatas.

Interessa agora questionar como foi anteriormente possível analisar a economia global, ou formular alguma teoria económica sem ter em conta o cenário em que essa economia se desenrola. Se a própria palavra *eco* (Casa)+*nomos* (lei de gestão), significa *a gestão da casa*, então será uma *economia*, no sentido semântico da palavra, o que nós temos, ou não será antes um sistema financeiro completamente desconectado com a casa? Não será que todos nós não sabemos que o uso e a manutenção de uma casa têm custos? Aquilo que fizermos à casa-planeta vai, ou não, inevitavelmente repercutir--se no sistema financeiro? Aquilo que fizermos à nossa habitação vai, ou não, reflectir-se na economia familiar de cada um de nós?

Logo, o que existe actualmente é apenas uma gestão em que a casa não entra, mas que nem por isso deixa de existir. Será um '*nomos*' e não uma '*eco+nomos*'.

Se antes se justificava uma economia sem casa devido ao desconhecimento das interligações globais cumulativas e duradouras e à dificuldade de valorar e incorporar os custos ambientais no processo produtivo, poderemos continuar a considerar inexistente o que por enquanto ainda é de difícil mensuração e contabilização?

Como poderemos continuar a admitir que uma floresta como a Amazónia, por mero exemplo, só tenha valor económico quando as árvores são cortadas? Que legitimidade temos para chegar junto dos povos do sul e impor a preservação destas florestas quando não contabilizamos os serviços ambientais que elas prestam na atmosfera e quando a fatia de leão do uso da atmosfera é realizada pelos países do norte? Poderemos então glosar igualmente as conclusões de Camilleri e Falk e afirmar que também na economia a '*legitimidade do discurso da economia reside na sua capacidade explicativa da realidade, pelo que, à medida que diminui a sua aptidão para reflectir a situação real do mundo, torna-se crescente a erosão da sua legitimidade. E, de entre todas as áreas em que o discurso da economia deixou de poder retratar acertadamente os factos, é justamente no crescimento do fosso entre a teorização da realidade por ela ensaiada e a realidade mesma da dinâmica ecológica da biosfera que mais clara se torna essa perda de legitimidade*'.

Numa verdadeira *eco+nomos*, quem tem bens ambientais que prestam serviços comuns, por exemplo, uma floresta, nada mais precisa de fazer do que preservá-los porque o serviço comum que presta a todos é devidamente remunerado por todos em função do uso que cada um faz das partes comuns. A internalização económica dos custos do uso da casa terá de ser integrada no sistema financeiro humano, sob pena de perpetuarmos o confronto dos sistemas e a inevitabilidade da 'Tragédia dos Comuns'. Os motivos dessa 'ruína de todos' encontram-se não só no sistema económico como no sistema jurídico que com ele está articulado. Se as alterações climáticas trazem consequências dramáticas para o sistema económico, será inevitável que elas se façam sentir igualmente no sistema jurídico. E essas consequências fazem-se sentir ainda ao nível das bases de partida do raciocínio.

Qual é então essa 'nova filosofia que enforma a maneira de encarar o Direito', de que nos fala Freitas do Amaral?

Seguindo a pista de Cohen, podemos afirmar que os diversos modelos éticos nos conduzem a uma verdadeira 'cosmovisão' que inclui, de forma explícita ou silenciada, uma antropologia, uma filosofia do direito e da política, uma concepção da *episteme*, uma concepção das relações de Cultura e Natureza, entre outras determinações que reflectem interesses dominantes de uma dada comunidade histórica e civilizacional.[74]

Com a crise ambiental e as consequentes alterações climáticas – porque o que está em causa é a sobrevivência da própria civilização – os interesses ambientais (ainda não dominantes) estão a mudar a própria concepção de *episteme*. Teremos então de nos questionar: se antes da existência do Direito do Ambiente, a ordem jurídica positiva reconhecia a existência de uma ordem jurídica anterior ao direito positivo, o chamado *direito natural*, que é um direito não escrito e onde o direito escrito busca os seus fundamentos, onde irá buscar o direito do ambiente a sua fundamentação?

'Recapitulando esquematicamente o que apurámos noutras oportunidades, diremos que, na fase pré-positivista, o direito encontrava o seu sentido decisivo no *ius naturalis* – segundo o qual o último fundamento constitutivo do direito era humanamente

---

[74] Cit. por SOROMENHO-MARQUES V. (1998) – op. cit., p. 28.

indisponível, pois radicava na própria ... 'natureza do homem'.[75] Ora nesta busca de qual será essa natureza humana que o 'direito natural' procura, e que será imutável e anterior ao homem e que serviu para fundamentar o 'direito das gentes', fica a pergunta: onde poderão ser incluídas estas normas que não são da natureza do próprio homem, mas da própria natureza e que não conhecemos na globalidade, que se manifestam através de uma '*profunda imbricação dos efeitos combinados e das suas implicações globais e duradouras que colocam em causa comportamentos ecológicos e ambientalmente relevantes das gerações actuais*' como afirmou G. Canotilho. Onde cabem todas as leis da natureza que nos são anteriores, que tal como as normas de direito natural também não estão escritas e que as ciências da natureza procuram decifrar? Onde cabem no nosso sistema essas leis das interligações que só conhecemos em parte e que provocam o aquecimento global e às quais nenhum estado no âmbito do exercício do seu poder de soberania está em posição de aderir ou não aderir? Deverão essas leis da natureza estar incluídas nesse direito natural não escrito e que buscamos traduzir e positivar, e que dão fundamento e sentido às normas que produzimos?

Para Javier Hervada e Andrés Muñoz, o direito natural será, 'todo derecho cuyo título no es la voluntad del hombre, sino la naturaleza humana, y cuya medida es la naturaleza del hombre o la naturaleza de las cosas'.[76]

Qual então o valor das leis da natureza, nesta mediação que a natureza nos impõe e que se manifesta como uma autêntica 'soberania da natureza' quando nos relacionarmos com outros seres humanos, actuais ou futuros, ou quando relacionarmos estados com outros estados?

---

[75] BRONZE, F. J. – Apontamentos Sumários de Introdução ao Direito (1995,96) cit. por CUNHA, P. Ferreira da (2001) – *O Ponto de Arquimedes. Natureza humana, Direito natural, Direitos Humanos*. Coimbra: Almedina, p. 30.

[76] HERVADA, J.; MUÑOZ, J. Andres (1984) – *Derecho. Guia de los estúdios universitários*. Pamplona: Eunsa, p. 79.

Será que essas ligações – que fazem o planeta funcionar como um organismo que se auto-regula e que estarão na base das reacções que já sentimos hoje – não farão parte dessa 'natureza das coisas', que é fonte de direito humanamente indisponível e da maior relevância para a realização e concretização de uma ideia de justiça e equidade intergeracional?[77] Será que a necessária absorção destas leis da natureza não é essencial para encontrar o sentido decisivo para o direito positivo? A própria existência de um Direito do Ambiente, não será também o reconhecimento por parte do nosso sistema jurídico, da existência de um 'direito natural', pré-existente ao nosso sistema, no qual está inserido e do qual é dependente e que, ao atribuir-lhe uma dimensão valorativa, pretende harmonizar os dois sistemas, para de alguma forma poder dar eficácia ao fim último que o nosso sistema visa salvaguardar: a vida?

Quando as ordens jurídicas estaduais reconhecem a natureza como um bem jurídico autónomo, como ligar esses bens jurídicos ao super sistema global em que estão inseridos e dos quais são simbioticamente dependentes? O que adianta cada estado proteger os seus bens jurídicos autónomos, como fauna, flora, solo, ar, e água, se posteriormente as interligações entre todos estes, a nível global, vierem alterar as temperaturas e outros elementos do sistema, provocando consequências avassaladoras em todos eles? Uma noção fundamental para a definição do que será o conceito de um Bem Jurídico autónomo, será precisamente a constatação de que esse bem em concreto, ou um pequeno ecossistema, se insere num suprasistema que é a biosfera, cujos componentes se regem entre eles por regras que nos escapam, mas que nos afectam e nos impõem as suas sanções naturais. Como transportamos estes bens jurídicos autónomos para a única dimensão que na realidade eles têm, a dimensão global, universal? Como fazemos isso no Direito Inter-

[77] Ver WEISS, E. Brown (1999) – *Un Mundo Justo para las Futuras Generaciones: Derecho Internacional, Património Común y Equidad Intergeracional*. Madrid: Ediciones Mundi-Prensa.

nacional? Como incluiremos não só esses elementos vitais da natureza, como a suas interligações?

Ora, o aquecimento global veio, em definitivo, acabar com as fronteiras tradicionais da soberania dos estados e justificar a afirmação de que 'desde o seu nascimento, o Direito do Ambiente proclamou a sua vocação Universal, a sua aptidão pelo unidimensional. Poder-se-ia mesmo dizer que é um direito apátrida por necessidade'.[78]

A natureza, a bioesfera como realidade anterior à ideia de estado, é algo que tem leis próprias num sistema global, no qual o direito positivo dos homens está inserido apenas como as regras do relacionamento no interior da sociosfera.

Este facto implica, de alguma forma, considerar as leis da natureza, que vão sendo descodificadas pelas ciências da vida, como fonte de direito para o sistema jurídico da sociosfera, como um direito natural não escrito, onde o direito positivo dos homens poderá beber alguns fundamentos e basear a sua própria ideia de justiça e modelo de funcionamento.

Essas características da natureza – que os biólogos tentam explicar como sendo 'não-linear, e como tal traz consigo a ideia de multiplicidade, abertura, adaptabilidade, irreversibilidade e complexidade'[79] – serão a condição de base para, tendo em conta a soberania da biosfera, construir um sistema/modelo que se adapte a essas características.

Será então o direito do ambiente um direito de carácter técnico e um mero intermediário de normas, decifradas pelas outras ciências da vida?

Dada a interminável tarefa que é conhecer e compreender o sistema terrestre com as características que lhe conhecemos hoje, a tarefa do direito e das outras ciências sociais deverá ser igual em relevância à tarefa que as ciências naturais já hoje possuem. Se a complexidade da natureza é hoje uma certeza, para François Ost,

---

[78] Bachelet, M. (1997) – op. cit. p. 89.

[79] Brown, J. H, – op. cit., p. 419-420.

'o segundo desafio que se depara ao Direito do Ambiente é o da complexidade, pela processualidade complexa que engendra inevitavelmente a incerteza. Ora, cabe ao Direito transformar esta incerteza ecológica em **certeza social**'.[80]

Então a biosfera é um sistema que nos impõe uma incerteza e um correspondente *dever-ser*. É um supersistema que impõe um dever-ser a um infra-sistema que é a sociosfera. É uma soberania da natureza à qual todos os estados estão sujeitos. São essas leis que já existiam antes de nós existirmos e que continuarão a existir depois de nós existirmos.

E este facto reflecte-se já em declarações do tipo 'património comum da humanidade', e na chamada *soft law*, sem no entanto encontrar ainda forma de se realizar e concretizar no padrão das relações internacionais que existem. Chegou já mesmo a constar, sem possuir no entanto a clareza conceptual necessária, entre as normas *Ius Cojens* que, segundo Correia Baptista, serão a 'expressão com a qual se designa o conjunto de normas internacionais costumeiras que têm por principal particularidade formal o facto de não poderem ser derrogadas por outros actos jurídicos, sob pena destes incorrerem em nulidade absoluta; e, por particularidade material, o facto de tutelarem interesses da Comunidade Internacional no seu conjunto, acarretando a sua violação um ilícito *erga omnes,*[81] isto é, em relação a todos os Estados'.[82] O Artigo 53.° do Tratado de Viena (1969), uma espécie de tratado sobre como realizar tratados, entende o *Ius Cojens* como um direito imperativo, superior a qualquer outro, no sentido em que qualquer convenção que lhe seja contrária está ferida de nulidade. Este tipo de direito será mesmo uma espécie de direito fundamentador do direito inter-

---

[80] Ost, F. (1995) – *A Natureza à Margem da Lei, A Ecologia à Prova do Direito*. Lisboa: Instituto Piaget, p. 114. O sublinhado é nosso.

[81] A expressão latina *'erga omnes'* significa em relação a todos, produção de efeitos jurídicos em relação à generalidade de sujeitos.

[82] Baptista, E. Correia (1997) – *Ius Cogens em Direito Internacional*. Lisboa: Lex, p. 21.

nacional, só que esta supremacia é apenas aparentemente temível, pois a sua relevância prática é reduzida. Mas uma vez que o ambiente consta da categoria de bens comuns, como um dos corolários destas 'normas *iuris cogentis* emanadoras de obrigações *erga omnes* imediatas, deve ser mencionada a norma que proíbe actos de poluição sobre os três citados espaços comuns ou qualquer acto de poluição de relevância internacional, isto é, cujos efeitos se verifiquem em relação a uma generalidade de Estados. Trata-se de uma norma costumeira de contornos ainda não completamente definidos, mas que impõe obrigações *erga omnes* imediatas, dado que um acto desta natureza provoca sempre um prejuízo directo em todos os estados, visto que o ambiente é um bem comum'.[83]

Mais uma vez, ficamos no problema da 'vinculação e da relevância prática' do direito do ambiente, que se estende do direito estadual ao direito internacional, e para o qual podemos identificar três ordens de dificuldades:

- Um problema de clareza conceptual que persiste, com essa 'toda uma nova filosofia do Direito' que continua por fazer, e se poderá definir pela inexplicada relação com os fundamentos do direito das gentes, se reflecte na sua interpretação e aplicação, bem como, em definir qual a sua intencionalidade operante.
- A inexistência, no plano internacional, no âmbito da institucionalização hierárquica centralizada, de organizações internacionais de vocação universal que materializem e tornem efectivo o princípio da superioridade do interesse público da humanidade.
- A desintegração das normas ambientais do sistema financeiro, o qual nos parece ser o nó górdio da exequibilidade deste direito e de uma gestão sustentável dos bens comuns.

[83] BAPTISTA, E. Correia (1997) – op. cit., p. 480-481.

2.3.3. *O falso problema da soberania*

A soberania da natureza exerce-se sobre nós, pela sujeição que nos é imposta, através das reacções aos estímulos a que é sujeita. As mudanças que introduzimos, no sistema natural terrestre, produziram efeitos secundários tão destruidores que, mesmo com a capacidade adaptativa da nossa espécie, é incerto que ela possa manter-se sadia e sobreviver às novas condições. É através destas reacções aos estímulos deletérios operados, o chamado *efeito boomerang*, que a natureza nos impõe as suas regras e de alguma forma nos permite entender o seu funcionamento, aquilo que poderíamos chamar de uma autêntica 'soberania da natureza'. Não se trata aqui de uma personificação da natureza, mas antes e tão só de uma forma de verbalizar que explique esta relação com um ente não personificado, mas que reage a estímulos e, como tal, funciona como um verdadeiro sistema. A percepção de que a sociosfera se encontra inserida num suprasistema que impõe regras a um infrasistema, do qual depende por completo, será mesmo a melhor forma de verbalizar esta relação de dependência.

E todo o problema, no que refere à organização dos vários grupos humanos e à sua relação com as características unas e interligadas da biosfera, poderá ser resumido ao problema da divisão da sociosfera em soberanias, com todas as consequências daí decorrentes e que de alguma forma já foram aqui abordadas. Acontece que, a partir do momento em que se percepciona que esta dependência é um denominador comum e que se impõe de modo equitativo a todos os grupos humanos, não olhando a qualquer forma de poder ou domínio, transforma-se o problema central da defesa da soberania, que cada estado pretende legitimamente prosseguir, numa falsa questão.

Com as já certas alterações climáticas, o que está em causa não será a soberania em si, mas sim a possibilidade de cada um continuar a exercê-la.

Pelo filosófico princípio da perversidade dos limites, e no mesmo espírito da tragédia dos comuns de Hardin, a forma como a defesa da soberania está a ser feita pelos estados, levará ao completo esvaziamento da possibilidade de ela se realizar. Qual será a soberania de um estado perante as águas a subirem pelas suas cidades, quando milhões de refugiados de outro país entrarem pelo seu território à procura de terra seca, ou quando as doenças tropicais alastrarem às regiões temperadas e as suas florestas sucumbirem a incêndios ou a doenças provocadas por organismos que antes eram controlados nos invernos mais frios? Que soberanias poderão os estados exercer perante a seca ou tempestades cada vez mais fortes à medida que os oceanos ficam mais quentes? Que farão as soberanias perante um aquecimento global que está a provocar um aumento na frequência dos furacões? E perante a alteração completa dos sistema de produção de alimentos e todas as consequências económicas que o relatório de Nicholas Stern já apontou?

A defesa cega do conceito tradicional da soberania, não só esvazia por completo a possibilidade futura de a exercer, como quase nos cria a sensação de que a razão deste problema reside na própria soberania e nas divisões entre os grupos humanos que impedem que haja uma forma de actuação conjunta e equitativa, em função do uso que cada um fez e faz dos bens comuns. Porém, o que nos parece estar em causa não serão as divisões políticas soberanas que os grupos de humanos fizeram na crusta terrestre, mas a ausência de regras de afectação sustentável, relativamente ao uso conjunto de bens públicos universais como são a atmosfera e a hidrosfera.

Numa biosfera que nos impõe uma dependência comum, parece que a comunidade de interesses será a única forma de exercício da soberania dos estados.

2.4. Qual o problema jurídico em causa?

A nossa proposta de conexão entre a complexidade objectiva da natureza e a nossa capacidade subjectiva de a representar, no nosso sistema social, não pode nunca desvalorizar as funções primordiais da territorialidade como conceito angular da paz social. Por outro lado, os vários direitos de soberania têm servido de álibi socialmente legitimado para perpetuar a devastação estrutural de todo o futuro da vida que nela possa irromper.

Chegamos, portanto, a uma situação de impasse e teremos mesmo que saber lidar com o chamado paradoxo da racionalidade e evitar, nas palavras de E. Morin, 'o uso degradado da razão'.

1) Por um lado, é **racional** a manutenção das divisões internas da sociosfera, uma vez que os equilíbrios geopolíticos entre os vários grupos humanos são precários e foram fruto de um aturado processo de afirmações e reconhecimentos. A posse de um território bem definido, é reconhecida pela psicologia ambiental como uma necessidade biológica básica de qualquer indivíduo ou comunidade. Neste sentido, será insustentável pretender tornar comunitário um sistema em que a sua própria segurança depende destas divisões internas.
2) Por outro lado, dado o carácter complexo da *profunda imbricação dos efeitos combinados e das suas implicações globais e duradouras* na biosfera, é **irracional** pensar que poderemos continuar a sobrepor a lógica destes equilíbrios internos da sociosfera à necessária gestão comum da biosfera como um Bem Comum Universal.

Será possível resolver este paradoxo?

Analisemos esta pergunta sob o ponto de vista jurídico e coloquemos a questão central: Qual o problema jurídico de base que continua por resolver?

É um problema de gestão, coordenação e conciliação de uma multitude de domínios humanos, exercidos sobre um bem materialmente indivisível e, por isso, requer uma gestão comum. Mais, se a hipotética separação jurídica destes diferentes domínios é possível sobre um dos elementos constitutivos deste bem, fisicamente inseparável, a Crusta Terrestre, relativamente aos elementos Água e Ar, dado seu carácter peregrino a nível planetário, até mesmo a sua hipotética separação jurídica é inviável, uma vez que a utilização destes bens, por parte de um estado ou indivíduo, pode provocar efeitos imediatos ou mediatos em todos os outros estados e em todos os outros indivíduos. Por isso, estes bens ambientais em particular, e o ambiente em geral, são já considerados 'Bem Comum Universal'. Pelas suas características, estes elementos naturais constitutivos da biosfera são insusceptíveis de divisão por parte da sociosfera. Estes efeitos fazem-se sentir não só em todas as partes comuns como nas partes susceptíveis de individualização dominial, os estados. Os efeitos do carácter peregrino e omnipresente dos bens comuns alastram-se à totalidade das relações presentes nesta unidade material que é a biosfera e, pelo facto dos seus efeitos serem cumulativos e duradouros, estendem-se ainda às relações não presentes, mas que existem de forma potencial na forma de gerações futuras.

Portanto, o problema jurídico ambiental é, na sua origem, um problema de conciliação das necessárias divisões estaduais sobre um bem materialmente indivisível.

Ora, o problema da conciliação dos diferentes e aparentemente opostos interesses em questão, não é a primeira vez que se coloca às ciências jurídicas, e foi resolvido através de uma figura 'definidora da situação em que uma coisa materialmente indivisa, ou com estrutura unitária, pertence a vários contitulares mas tendo cada um deles direitos privativos ou exclusivos de natureza dominial sobre fracções determinadas' (...) 'sendo ainda comproprietários das partes do edifício que constituem a sua estrutura comum'. Esta figura jurídica dá pelo nome de CONDOMÍNIO.

Não é nova a utilização de institutos jurídicos civis e provenientes de direitos nacionais, no direito internacional. Para alguns autores é até mesmo recomendável, como salienta Christopher G. Weeramantry: 'Face à velocidade do progresso e da tecnologia, os direitos nacionais e o direito internacional deverão seguir o movimento e aumentar a sua capacidade de rendimento e adaptação. Novos conceitos e novos procedimentos devem rapidamente ser imaginados para fazer face a situações inéditas resultantes do progresso da tecnologia.

Para esse efeito, o direito internacional deve antes de tudo deixar-se impregnar pela sabedoria de todas as tradições essenciais das diferentes civilizações e adoptar uma atitude multicultural. Numerosos princípios de direito internacional que serão adoptados no futuro poderão ser libertados dos sistemas jurídicos tradicionais existentes no mundo e através dos quais o direito internacional poderá extrair a sua força e a sua inspiração.

A passagem da *soft law* para a *hard law* deve ser acelerada, tornando o direito internacional mais apto a se adaptar às necessidades do nosso tempo, os direitos nacionais aproveitarão as normas e os padrões universais que melhorarão igualmente os sistemas internos'.[84]

Foi este sistema de conciliação de partes individuais e partes comuns que tornou viáveis as cidades tal como as conhecemos hoje; para todos nós, o condomínio é uma realidade inquestionável e, mais importante de tudo, é que com mais ou menos conflitualidade, essa realidade funciona. Os interesses individuais e colectivos aparentemente opostos conciliaram-se e tornaram-se mesmo simbióticos, no sentido que são mutuamente dependentes. Isto é, os interesses individuais não são realizados sem a prossecução dos interesses colectivos e vice-versa.

Se no direito internacional do ambiente nos parece ser este o problema de base, tentemos então adaptar este conceito, que está internacionalmente experimentado e validado à escala planetária, ao nosso edifício comum que é o Planeta Terra.

---

84 WEERAMANTRY, C. G. (2000) – Sustainable Development. In BEURIER, J.-P. [et. al.]. *New technologies and Law of the marine Environment*. Londres: Kluwer Law International, p. 195. (International Environmental Law and Policy Series).

CAPÍTULO III

O Condomínio da Terra

(...) Quer isto dizer que devemos estar prontos
ao mesmo tempo para desesperar e para esperar:
por um lado,
a humanidade pode material e tecnicamente auto-aniquilar-se;
por outro,
ela pode material e tecnicamente autofederar-se e auto-realizar-se.
EDGAR MORIN

3.1. **O verdadeiro desafio**

Dos dois primeiros capítulos sobra-nos uma inevitável questão: Como passar da teoria à prática?

Fernando Pessoa, refere-se ao problema da teoria e da prática da seguinte forma: 'Toda a teoria deve ser feita para ser posta em prática e toda a prática deve obedecer a uma teoria. Só os espíritos superficiais desligam a teoria da prática, não olhando que a teoria não é senão uma teoria da prática e a prática não é senão a prática de uma teoria. Quem não sabe de um assunto, e consegue alguma coisa nele por sorte ou acaso, chama 'teórico' a quem sabe mais, e, por igual acaso, consegue menos. Quem sabe, mas não sabe aplicar – isto é, quem afinal não sabe, porque não saber aplicar é uma maneira de não saber – tem rancor a quem aplica por instinto, isto é, sem saber que realmente sabe. Mas em ambos os casos, para o homem de espírito sadio e de equilíbrio de inteligência, há uma separação abusiva. Na vida superior a teoria e a prática completam-se. Foram feitas uma para a outra'.

Em matéria de direito, o princípio da efectividade desempenha um papel fundamental. Não só na perspectiva da aplicação casuística de uma norma, mas também, e fundamentalmente, na de alcançar o patamar mínimo dos objectivos fundamentadores da existência do direito: o princípio da salvaguarda da vida.

O fundo teórico da sociedade internacional que ainda subsiste é o de uma não-organização baseada no princípio da desorganização. É insustentável pretender criar qualquer tipo de organização ou qualquer prossecução de soluções, para problemas comuns, tendo por suporte uma teoria de desorganização. A prossecução de um interesse colectivo pressupõe, necessariamente, um princípio de organização e não um princípio de desorganização. Este facto é válido desde a mais pequena comunidade até à Aldeia Global.

A prática resultante desta teoria da desorganização, que a criação e funcionamento, das Nações Unidas tem tentado contrariar, foi fruto de um período histórico em que a prossecução dos interesses individuais de cada estado se realizava por oposição (e confronto) aos interesses igualmente concorrentes de todos os outros estados. O ex-secretário-geral das Nações Unidas, Kofi Annam, identifica as consequências desta teoria/prática de forma lapidar ao referir-se à carta das Nações Unidas, no âmbito do problema dos conflitos armados, que é identificador do problema-base da sociedade internacional: 'Os estados soberanos que redigiram a Carta, há mais de meio século, eram defensores da paz, mas tinham a experiência da Guerra. Conheciam o horror do conflito, mas também sabiam que há alturas em que o uso da força pode ser uma forma legítima de alcançar a paz. É por essa razão que se declara, nos termos da própria Carta, que 'não será usada força militar salvo no interesse comum'. Mas o que é o interesse comum? Como o definiremos? Quem o defenderá? Sob que autoridade? E com que meios de intervenção? São estas as questões monumentais que se colocam no início do novo século'.[85]

Estas 'questões monumentais' colocam-se *ipisis verbis* em matéria ambiental, onde a alegada legitimidade da 'ingerência ecológica'[86] se confronta precisamente com as mesmas questões relativas às intervenções de manutenção da paz. Este é o verdadeiro desafio que nos coloca o século XXI. E se o objectivo for o de assumir a responsabilidade pelo futuro, a sua resposta impõe-se, e não o enfrentar, será sinónimo de uma guerra contra os nossos filhos.

'Não há outro campo do direito internacional – e mesmo do direito – que tenha conhecido uma evolução tão rápida, com mutações tão profundas, quanto o direito internacional ambiental',[87] e embora em algumas situações pontuais tenha conseguido uma evolução no sentido de uma *hard law*, que começa a emprestar uma dimensão de efectividade ao direito internacional, em matéria ambiental global, o problema de base continua por resolver. O sonho kantiano de se construir uma entidade supra nacional, baseada em princípios legítimos e universais, que constituíria 'uma federação de povos livres',[88] é ainda hoje uma utopia e as 'questões monumentais', de Kofi Annam, continuam sem resposta. Certo é que, até hoje, o interesse individual dos estados, tem prevalecido sobre os interesses públicos colectivos.

A noção de que os territórios de cada estado estão funcionalmente dependentes do uso de partes comuns do planeta, profundamente interligadas, insusceptíveis de divisão e de apropriação estadual, requerendo uma administração comum, poderá trazer

---

[85] KOFI ANNAN (Secretário-Geral das Nações Unidas). Discurso de Setembro de 1999.

[86] BACHELET, M. (1995) – op. cit.

[87] KISS, A. cit. por RUSSABACH O. (1992) – O direito ao direito internacional do ambiente. In BARRÈRE, M., ed. lit. *Terra, Património Comum*. São Paulo: Livraria Nobel, p. 221.

[88] KANT, I. (2004) – op. cit., p. 132.

consigo a semente da resposta para tais questões. Os efeitos colaterais indesejáveis, originados pela ausência dessa administração, condicionam de forma radical o exercício e o uso das partes individuais estaduais. Esta demonstração – de que os interesses egoísticos, de cada um dos participantes de uma vida em comunidade, só são viáveis com a realização e a prossecução dos interesses comuns – é algo já revelado na biologia, por Hardin, mas também no direito.

Com o surgimento dos aglomerados urbanos, o direito defrontou-se com uma realidade nova e complexa que até então não se tinha constituído como um verdadeiro problema solicitando regulamentação: a necessidade de divisão jurídica de edifícios com vários pisos e fracções que, não obstante, mantêm uma estrutura unitária e materialmente indivisa. Falámos do instituto da propriedade horizontal. O estudo e análise das soluções encontradas e da experiência acumulada ao longo de anos, nesta matéria, parecem-nos ser da maior importância para compreender e, decorrentemente, organizar o uso e a posse, por parte de uma pluralidade de estados soberanos, de um bem que mantém uma estrutura unitária e materialmente indivisível como é o Planeta Terra. O problema não reside em discutir a soberania, as suas limitações, ou um eventual direito de ingerência ecológica, mas sim em definir, em primeiro lugar, o problema jurídico em questão. E a questão de base parece-nos ser precisamente a mesma que se colocou aos edifícios em condomínio: a conjugação de interesses privados com a manutenção de interesses comuns, os quais se exercem sobre um mesmo objecto materialmente indiviso. O tema é por si complexo e estimulante, designadamente, pelo aparente antagonismo de interesses que encerra.

Identificado o problema jurídico resultante da organização da sociosfera no interior da biosfera, chegamos à conclusão de que nem a perspectiva estatocentrista absoluta nem a perspectiva comunitarista pura possuem uma capacidade explicativa da realidade eficaz, isto é, que reflicta a situação real do mundo e que resolva o aparente fosso entre a necessidade humana da territorialidade e a realidade da dinâmica ecológica da biosfera. A alternativa será, portanto, a de procurar outro caminho.

O período pós-alterações climáticas, em que já vivemos, veio trazer uma nova luz a essa falácia que é o conflito entre interesses particulares/razões de estado e o interesse geral da humanidade. Tal como num condomínio, também no planeta o interesse particular de cada um dos estados só poderá ser plenamente realizado se os interesses comuns estiverem salvaguardados e, por sua vez, os interesses comuns só poderão ser realizados se o interesse particular de cada um estiver garantido. Estes interesses comuns, ou melhor, estes interesses sobre as partes comuns, e que são ainda um interesse de cada estado, não se resumem à simples soma dos interesses individuais de cada estado, como veremos adiante.

Esta dependência simbiótica será mesmo um preceito que se impõe a todas as relações em que existam vários domínios exercidos sobre um mesmo bem materialmente indivisível. A partir do momento em que, efectuada a delimitação de cada domínio, se reconhece que persistem partes sobrantes, ou que se sobrepõem, e que, dada a sua natureza, são insusceptíveis de serem atribuídas (ou mesmo que hipoteticamente o possam ser, têm como condição que o seu uso privado se reflicta em todos os demais proprietários) estamos perante uma situação em que o único modelo de organização jurídica, construído até hoje, para este tipo de situações é o condomínio.

E a resposta a este problema central de necessidade de criação de uma intervenção colectiva legítima, sobre o comportamento individual dos estados no contexto internacional, poderá surgir através da própria organização/separação dos interesses colectivos e individuais e respectiva projecção espacial no planeta, distinguindo partes comuns, insusceptíveis de divisão e objecto de soberanias partilhadas, das partes individuais, sobre as quais se exercem soberanias exclusivas.

O carácter unidimensional dos instrumentos de representação territorial da nossa organização não se adapta a uma realidade una e complexa, que, como tal, requer uma ordenação jurídica complexa e pragmática.

3.1.1. *A propriedade complexa*

A existência de situações em que um edifício pertence a uma pluralidade de pessoas, tendo cada uma delas poder sobre uma parte específica e, todas em conjunto, poder sobre as partes não atribuídas (a cada uma) é uma realidade com relativa distância temporal. A solução jurídica encontrada para a divisão de edifícios por pisos – a propriedade horizontal e o condomínio – foi longamente experimentada e discutida pela doutrina, tendo transformado uma impossibilidade paradoxal numa solução. Ao assumir a complexidade da situação e necessidade da correspondente solução complexa, transformou a propriedade e a compropriedade em duas faces de uma mesma moeda, convergindo-as num interesse simultaneamente individual e colectivo.

No intuito de possibilitar o incremento da propriedade por andares e a concentração populacional decorrente dos movimentos gerados pela revolução industrial, o direito teve, assim, de reinventar o conceito de propriedade tradicional e adaptá-lo às necessidades impostas pela vida partilhada das comunidades urbanas. Esta partilha não é fruto de uma acto voluntário, mas sim de uma comunhão imposta pela necessidade económica de rentabilização do espaço nos aglomerados urbanos. Estes movimentos populacionais deram origem a uma gradual permuta de edifícios individuais por edifícios de andares. Mas mais uma vez o problema surgiu antes da solução: 'O surgimento e o avolumar de conflitos de interesses resultantes da dupla condição de proprietários de uma fracção e de comproprietários de um edifício onde existem outras fracções pertencentes a proprietários diversos, cedo tornou ineficaz, para a sua sanação, a aplicação pura e simples do regime de propriedade e da comunhão. Importava o estabelecimento de bases de uma convivência normal e pacífica entre os proprietários de cada uma das fracções autónomas, disciplinando as suas relações, no fundo definindo os seus direitos e os seus deveres'.[89]

Nesta concreta situação de facto, o direito conseguiu relativizar os seus dogmas e, deste modo, tornar possível a vida nas cidades tal como hoje conhecemos.

Certo é que nenhum proprietário destas fracções individuais sente que a sua propriedade esteja comprimida ou diminuída pelo facto de também ser comproprietário das partes comuns e ter de, obrigatoriamente, contribuir para as despesas de manutenção e melhoramento, participando com o seu voto na determinação do futuro comum do edifício, aceitando os direitos e os correspondentes deveres dessa sua dupla condição incindível de ser simultaneamente proprietário e comproprietário.

Antes pelo contrário, está já enraizada na consciência de cada um que, caso não exista essa necessária gestão das partes comuns, o uso e valor da sua parte privada será profundamente afectado e a existência de um administrador de condomínio, eleito em assembleia de condóminos e responsável pela gestão e manutenção das partes comuns, é encarada como essencial à vida individualizada no interior da comunidade. A verdade é que o direito, perante a situação real de um prédio indiviso, em que o chão de um é inevitavelmente o tecto de outro, em que o telhado é o tecto de todos, e em que aquela parede interior de uma fracção não deixa de ser uma parede estrutural de um prédio que é de todos, não tentou impor os modelos pré-estabelecidos, que tinha como válidos até então, a uma realidade que os ultrapassava. Reeinventou-se, tornando-se complexo. 'Não se trata de retomar a ambição do pensamento simples, que era de controlar e dominar o real. Trata-se de exercer um pensamento capaz de tratar o real, de dialogar e negociar com ele'.[90] O direito fez precisamente

---

[89] SEIA, J. Aragão (2001) – *Propriedade Horizontal, Condóminos e Condomínios*. Coimbra: Livraria Almedina, p. 8.

[90] MORIN, E. (2001) – op. cit., p. 8.

esta operação de diálogo com uma situação pré-existente, à qual tinha de ser dada uma solução que ordenasse os conflitos latentes entre os vários habitantes do mesmo prédio e que garantisse que as partes comuns, que em concreto não eram de ninguém mas que eram do interesse de todos, fossem geridas e cuidadas. Em vez de impor uma das suas formas de *dominium,* já elaborada, negociou com o real, constatou que nem a propriedade nem a compropriedade procediam a uma correcta leitura daquele real, e 'inventou' o condomínio.

A guia mestra do pensamento tem de ser sempre e só a realidade. Se dela nos separamos, construindo abstracções assentes em anteriores abstracções, expomo-nos a um desequilíbrio mental que é explicado em psicologia como uma confusão entre mapa e território; terá sido esta confusão entre mapa e território, entre linha imaginária e unidade do mar, a génese do caso 'Prestige' – o já citado petroleiro à deriva – e que nos leva, igualmente, a confundir espaço aéreo com atmosfera, ou zona económica exclusiva com oceano, pois o ponto de partida do raciocínio que se continua a exercer sobre o planeta é o da sua divisão geo-política, e não o da sua unidade interrelacionada e interdependente.

Reiterando, o modelo jurídico do condomínio partiu da realidade e não da abstracção jurídica que é a propriedade. Em primeiro lugar, encarou e aceitou o carácter unitário e indivisível do edifício e, a partir daí, construiu um sistema que se adaptasse a essa circunstância inultrapassável, questionando, para o efeito, o que era até então inquestionável, usando a imaginação, de molde a dar forma a um modelo de propriedade que não se identificasse com nenhuma outra forma de propriedade. Como refere o magistrado Luís Hernanz Cano, a jurisprudência espanhola tem entendido a propriedade horizontal como uma 'propriedade especial' ou mesmo como uma 'propriedade complexa'. A questão da sua própria denominação é claramente um sinal de tal complexidade: 'casa por pisos', 'condomínio de pisos', 'comunidades *pró indivisio*', 'fracção autónoma', 'comunidade com direitos reais'.[91] Como vimos, o fundamento desta complexidade radica na coexistência de elementos aparentemente contraditórios, antagónicos entre si, que numa abordagem superficial faz supor que a presença de um deles implica a ausência do outro e dificilmente traduzível na linguagem redutora das definições. Só que a força da própria realidade, suscitou a solução que concilia a possibilidade de existir, dentro do mesmo edifício materialmente indiviso, uma separação que permite que o mesmo espaço de solo seja utilizado como habitação por vários indivíduos, e que cada um deles exerça um direito individual exclusivo de propriedade sobre uma fracção, tornando, deste modo, possível o comércio jurídico destas propriedades, ao mesmo tempo que salvaguarda a manutenção das partes remanescentes, após a separação jurídica.

A tendência evolutiva tem sido no sentido de uma progressiva individualização da propriedade, do ponto de vista do objecto sobre o qual se exerce o domínio; só que à medida que se procura a maior individualização do objecto da relação jurídica que é a fracção ou o piso, incorporam-se, inevitavelmente, conteúdos novos, que em última análise radicam no carácter unitário do próprio imóvel e das suas incontornáveis partes comuns e serviços necessariamente comunitários. E aí inicia-se o desvio da perspectiva quase exclusiva do que será a própria fracção ou andar, que é objecto de um uso independente e exclusivo, para a perspectiva do direito compartido sobre os elementos comuns, quer dizer, sobre a edificação em geral e seus correspondentes e necessários interesses comuns.

A separação que se opera neste âmbito é, pois, hipotética, uma vez que, mesmo no interior das fracções individualizadas, existem partes que se nos afiguram como privadas, e as usamos como tal, e

---

[91] CANO, L. H. (1998) – *Las Comunidades de Propriedad Urbana*. Madrid: Editorial, Colex, p. 41. Texto original: 'Acaso el propio tema del nombre nos haga ver su evidente complejidad. Se la ha denominado 'casas por pisos', 'condomínio de pisos', 'comunidades pro indiviso', 'fracción autómona', 'comunidad com cargas reales'. Entre outras denominaciones'.

são na realidade comuns (ex: paredes mestras, paredes exteriores, coberturas). Logo constitui uma separação permeável à mistura de direitos simultaneamente exclusivos sobre a sua fracção e comunitários sobre os elementos comuns.

Tal configuração conduziu a interessantes tentativas de definir esta união de dois conceitos até então incompatíveis. Mora de Alarcón, entende que 'a propriedade horizontal é uma suposição de propriedades separadas que concorrem sobre elementos de titularidade e utilização conjunta e objectiva ou funcionalmente determinadas, que não se identifica com nenhuma outra forma de propriedade e constitui uma categoria independente composta de direitos homogéneos recortados dos direitos dos comproprietários e exige uma administração comum'.[92] Esta dualidade de direitos – propriedade privada e compropriedade sobre elementos comuns – marcará ineludivelmente o carácter único e original deste modelo jurídico. E como em todas as situações em que as antíteses se tocam e no fundo se complementam, tornou-se campo fértil para elaboração de conceitos, definições e explicações para uma realidade que se apresentava como complexa. Autêntica obra-prima de construção jurídica, foi assim, considerada, a partir de 1960, pela jurisprudência espanhola: 'a propriedade de casas por pisos é uma instituição de carácter complexo, cujo género é o direito de propriedade, mas dentro dele constitui uma espécie destacada das tradicionais, e é inútil buscar-lhes semelhanças ou identidade parciais, já que não há uma comunidade, porque existem elementos privativos de vários proprietários, nem a servidão serve para explicar a situação de todas as coisas comuns, mas somente para determinar relações que se dão unicamente entre os proprietários de dois ou mais pisos, mas que não afectam todos ...'.[93] Por outras palavras, e voltando a E. Morin, 'o complexo não pode resumir-se

---

[92] ALARCÓN, M. de – *Manual práctico Comunidades de proprietários*, Edisofer, cit. por CANO, L. H. (1998) – op. cit., p. 33.

[93] Cit. por CANO L. H. (1998) – op. cit., p. 41.

na palavra complexidade. A complexidade não poderia ser qualquer coisa que se definisse de maneira simples e tomasse o lugar da simplicidade'.[94] O modelo da propriedade horizontal (ou, precisamente, da 'propriedade complexa') não é uma comunidade nem por sua vez é apenas uma soma aritmética de propriedades individuais. É algo de complexo que eleva o direito à arte de conciliar os extremos, de tornar simbioticamente dependente o que era aparentemente incompatível.

Claro está que a propriedade horizontal e correspondente conjugação de um sistema em que a propriedade privada tem de se articular com as partes comuns, não evitou os inconvenientes de todas as comunidades, mãe de discussões (*mater rixas*), pela diversidade de opiniões que a multitude de proprietários de um edifício implica. Mas parece, pelo menos, que aceitando a conflituosidade, existe, de facto, um sistema que permite a existência de órgãos que decidem os diferendos e, sobretudo, em que os interesses comuns destas comunidades de proprietários se encontram acautelados.

Com consciência da realidade das divergências e conflitos neste tipo de comunidades, parece-nos, contudo, que será sempre muito mais grave a inexistência de qualquer tipo de organização comunitária que dê resposta às questões do interesse comum.

Como se viu, toda esta 'engenharia' jurídica decorre não de um assomo de espírito comunitário de partilha e altruísmo, mas sim de incontrovertível necessidade económica e prática. As propriedades comunais e suas várias modalidades têm já um notável rasto através da história, tendo adquirido novas dimensões e manifestações com o desenvolvimento de construções jurídicas que a propriedade urbana protagonizou. A então nova figura da propriedade horizontal consolidou o desenvolvimento da família em habitação própria, permitindo a acumulação de pequenas poupanças e diminuindo as dificuldades dos carenciados de habitação.

[94] MORIN, E., (2001) – op. cit., p. 8.

3.1.2. A *soberania complexa*

O conceito de soberania foi entendido como 'o poder político supremo e independente, entendendo-se por poder *supremo* aquele que não está limitado por nenhum outro na ordem interna, e por poder *independente* aquele que, na sociedade internacional, não tem que acatar regras que não sejam voluntariamente aceites e está em pé de igualdade com os poderes supremos dos outros povos'.[95] Hoje, apesar das evoluções resultantes de uma crescente integração da sociedade internacional (como é o caso europeu) é ainda este o paradigma sobre o qual se constrói a organização dos povos, na sua relação com o planeta.

O problema de base desta abordagem é o de pressupor que cada soberania existe isoladamente. Na realidade, nenhuma soberania subsiste por si só, e todas dependem funcionalmente do mesmo 'edifício planeta' onde essas soberanias se exercem. Ao dependerem do mesmo bem (planeta), materialmente indiviso, dependem uma das outras, e esse facto condiciona o voluntarismo em acatar regras externas – sobretudo, porque, tais regras de funcionamento dos mecanismos naturais se impõem independentemente dos estados terem ou não aceite uma regra que tenciona acautelar a protecção de um elemento natural vital do planeta. Embora em pé de igualdade com os poderes supremos dos outros povos, os efeitos externos da conduta interna de cada um implicam uma interacção comportamental, multidireccional, entre todas as soberanias do planeta, colocando todos numa mútua dependência relativa à salubridade do edifício comum. Este facto determina, sem mais, que esse voluntarismo seja condicionado, uma vez que em matéria de interesses comuns, o não acatamento de uma regra, implica a violação de um direito individual comum a todos os outros estados.

Todas as soberanias estão em contacto directo com 'partes' que são insusceptíveis de divisão e/ou apropriação e que circulam

---

[95] CAETANO M. (1997) – *Direito Constitucional.* p. 169. cit., por FRANCO, J. M.; MARTINS, H. A. (1998) – *Dicionário de Conceitos e Princípios Jurídicos.* Coimbra: Almedina.

por todo o planeta, referimo-nos, em concreto, à atmosfera e à hidrosfera. A impossibilidade de divisão e/ou apropriação dessas partes, que circulam a nível planetário, é que, precisamente, implica que o exercício de soberania sobre elas sejam comum ou partilhado. Este facto incontornável coloca todos os estados na condição de serem simultaneamente soberanos dos seus territórios e comproprietárias das partes comuns do planeta.

Tal como vimos anteriormente, embora esse poder possa ser *supremo* internamente e *independente* no contexto intersubjectivo da sociedade internacional, não será nem *supremo* relativamente às leis de funcionamento da biosfera nem *independente* quanto à necessidade de uso das já referidas 'partes comuns' a todo o planeta (a atmosfera e a hidrosfera). É necessária a evolução de um conceito de soberania hoje profundamente complexo e que, reconhecidamente, já não permite uma correcta leitura da realidade. Só é possível continuarmos a insistir na forma de domínio isolado, que é o conceito tradicional de soberania, porque o conhecemos assim, crescemos com ele, foi-nos desse modo ensinado e é sempre mais fácil não mudar as bases de onde partem os nossos raciocínios. Certo é que, independentemente da leitura que se faça desta nossa forma de apropriação do real e respectivo sistema de separação, os efeitos colaterais (e indesejáveis) dessa leitura desajustada irão continuar a manifestar-se de forma cada vez mais intensa. E não se pode temer o que é apenas uma evolução, um aperfeiçoamento de conceitos de que somos os únicos autores, e uma adaptação a uma realidade que está para lá das jurisdições humanas.

Dado que a globalização se entende como 'a cada vez maior interligação entre todos os aspectos da vida ecológica, económica, legal e social, esta interligação cada vez maior assinala, em alguns aspectos, o fim do Estado-nação, do mesmo modo que o Império romano assinalou o fim das cidades-estados',[96] e o fim de alguns

[96] SINGER, P. (2004) – *Um Só Mundo. A Ética da Globalização*. Lisboa: Gradiva. O texto reproduzido encontra-se na badana da capa

aspectos do estado-nação, tal como o entendemos até hoje, parece inevitável. Já Kant havia entendido, que um estado não é um património (*patrimonium*) (como por exemplo, solo em que ele tem a sua sede) mas sim uma sociedade de homens.[97] O problema parece não residir no questionar da necessária divisão das pessoas em nações soberanas, mas sim na forma como esse conjuntos de pessoas organizadas em diferentes estados-nação são capazes de dar resposta às necessidades comunitárias globais relativamente às partes comuns.

'As Ameaças globais são fenómenos cuja raiz nos convoca para um necessário exame crítico dos pressupostos em que se baseia o modelo de civilização tecnocientífica em que estamos mergulhados. Assim como as suas consequências se fazem sentir por toda a superfície planetária, também qualquer estratégia de combate eficaz contra essas ameaças não poderá ser assumida, se o horizonte visado for o êxito efectivo, por nenhum país isoladamente, tendo antes de implicar uma responsabilidade partilhada'.[98]

Pelo facto de continuarmos a depender do sistema natural como dependeu o homem primitivo, e como depende qualquer forma de vida, teremos agora de construir um sistema de compatibilização entre biosfera e sociosfera.

Necessário será partir da realidade factual do planeta para a construção de um modelo que se lhe adapte, tal como fizeram os juristas, para resolver o problema da pluralidade de proprietários que exercem o seu direito de propriedade exclusiva sobre fracções de um mesmo edifício materialmente indiviso. A partir do momento em que temos consciência de que a vida é globalizada, quer ao nível interno da sociosfera quer ao nível da biosfera, temos de organizar o nosso sistema social, aceitando a complexidade da natureza, ajustando-nos à realidade natural. A consciência da globalização transformou o exercício da soberania num acto

---

[97] KANT, I., (2004) – op. cit., Lisboa, p. 121.
[98] SOROMENHO-MARQUES, V. (1998) – op. cit., p. 45.

profundamente complexo, sem que, no entanto, tenha operado a correspondente transformação do quadro conceptual e organizacional onde seja sustentável uma acção global conjunta e coordenada, conciliadora dos sistemas jurídico e económico com o sistema natural terrestre.

Por isso se avança um novo conceito de soberania, o da **Soberania Complexa**, num quadro em que a sociedade internacional se organiza na forma de um condomínio, entendendo-o como a '*figura definidora da situação em que uma coisa materialmente indivisa, ou com estrutura unitária, pertence a vários contitulares, mas tendo cada um deles direitos privativos ou exclusivos de natureza dominial – daí a expressão condomínio – sobre fracções determinadas*',[99] sendo ainda comproprietários das partes do edifício que constituem a sua estrutura comum.

Concretizando, tal como acontece numa propriedade horizontal, também na soberania complexa é necessário que cada uma das soberanias autónomas, inevitavelmente integradas na estrutura do planeta, não tenha por si só uma autonomia funcional, ou seja, é essencial que para o seu serviço, para a realização da própria soberania utilize partes da biosfera cujo uso é também comum ao serviço de outras soberanias. No caso do planeta, todos os estados soberanos são dependentes desta função essencial que as partes comuns desempenham. A atmosfera e a hidrosfera, dado o seu carácter intricadamente interdependente, uno, em constante movimentação global, são materialmente inseparáveis.

Então, e aceitando o carácter redutor das definições, poderíamos entender a **soberania complexa**, como um poder político *supremo* e *independente* relativamente ao seu território, e *partilhado* relativamente às partes comuns do planeta.

Confrontando, novamente, com o condomínio de edifícios, cada um dos estados é soberano dentro do seu território e 'con-

---

[99] LIMA, P. de; VARELA, Antunes (1987) – *Código Civil Anotado*, Vol. III. Coimbra: Coimbra Editora, p. 398.

soberano', isto é, detentor de uma soberania partilhada das partes comuns do planeta. Cada estado está funcionalmente dependente do uso de áreas comuns que estão ao serviço de todos os outros estados, como são a atmosfera e a hidrosfera. Esta relação entre soberania exclusiva e a comunhão de partes comuns globais, surge-nos como o elemento estruturante desta nova abordagem da organização dos povos no planeta.

Na soberania complexa, o poder político continua supremo e independente, entendendo-se, tal como no conceito tradicional, por poder *supremo* aquele que não está limitado por nenhum outro na ordem interna, e por poder *independente* aquele que, na sociedade internacional, está em pé de igualdade com os poderes supremos dos outros povos, mas que, e este será o factor diferenciador, relativamente às partes comuns, se exerce de forma *partilhada* e condicionada às regras do condomínio, uma vez que estas são comuns a todos, e acautelando-se o interesse comum protegem-se os interesses individuais de cada um. O objectivo da **soberania complexa**, não é o de criar uma comunhão, mas sim o de permitir soberanias separadas, num espaço colectivo: o planeta. O objecto em que incide esta soberania é misto, é constituído por um território exclusivo sobre a litosfera, que é o principal, e por partes comuns, sobre a atmosfera e a hidrosfera, que são o acessório.

A concretização deste conceito passa pela definição dos elementos que irão constituir as partes comuns e as partes individuais e, pela definição dos respectivos estatutos; do resultado desta construção dependerá a capacidade do modelo se adaptar à realidade da biosfera do planeta. Esta tarefa primordial de definição, determinará também o nível de aceitação da natureza no sistema da sociosfera e, a sua própria aptidão para se reinventar, adaptar e compatibilizar com a vida.

Clama-se, assim, um novo olhar sobre esse elemento constitutivo da soberania, a fracção territorial da crusta terrestre, uma vez que, as partes obrigatoriamente comuns não só envolvem exteriormente essa fracção, como se movimentam e actuam no seu interior. O que pressupõe que algumas das manifestações que o fenómeno psicológico da territorialidade encerra em si, e que constituem a base deste 'poder' que se estabelece 'erga omnes', isto é, que se impõe sobre todo o resto da comunidade e exclui todos os restantes membros, seja adaptada à sua condição multidimensional. O problema da soberania, e das suas eventuais limitações ou evoluções, antes de ser encarado como uma questão jurídica deve ser encarado como uma questão psicológica, hoje estudada pela psicologia ambiental. Pastelane (1970), considera que territorialidade é 'o bem, o uso e defesa de uma área espacial por parte de uma pessoa ou grupo que a considera exclusivamente sua'. A conformação jurídica deste fenómeno psicológico acontece quando o sistema de legitimação social define quais as formas de aquisição de bens aceites naquela comunidade, dando uma dimensão de reconhecimento social a cada uma das aquisições, ou não, no caso de a aquisição do bem não ter preenchido os requisitos pré-estabelecidos, desse sentimento de posse. Ora a afirmação, de que determinados elementos do planeta deverão ser considerados como parte comum e como tal requerem uma administração comum, terá de ser aceite por todos como tal, carecendo, não obstante, de instituições sociais ou de uma organização social que os reconheça e legitime dentro da ordem da comunidade internacional. O fenómeno da evolução de uma Europa dividida, para uma progressiva protocooperação e integração, até à União Europeia, é revelador de que o fenómeno da soberania constitui na sua base, um fenómeno essencialmente psicológico, que compete aos juristas conformar.

Aceitar a existência de partes comuns é, como se viu, em primeira linha, uma questão de psicologia ambiental, na sua dimensão da territorialidade; só depois dessa consideração prévia é que esse valor poderá ser sedimentado em todas as ordens jurídicas das sociedades humanas, dando origem ao conceito jurídico de **soberania complexa**, o qual inclui a dimensão de soberania partilhada relativamente às partes comuns. Segundo Françoise Héritier-Augé, 'a reflexão humana está fundada nestes pontos principais: ele próprio, os outros e o meio',[100] e esta tomada de consciência terá de ser processada, tal como no condomínio dos edifícios, da realidade para a teoria, neste caso, do meio para o próprio e depois para os outros. Partindo da realidade do sistema natural terrestre que conhecemos hoje, quando chegarmos a esse outro 'ponto principal' que são os outros, quando lá chegarmos, já será outra a soberania com que os encaramos.

A experiência da vida em comunidade implica a vivência das suas interdependências e, a melhor definição da soberania complexa será sempre a de que é uma soberania que se assume como não isolada. Para os homens de hoje, a manutenção e defesa da integridade dos componentes ambientais naturais, são interesses próprios que se misturam com os interesses das gerações futuras. E não existe ideia de estado, constituído como uma sociedade de homens tal como definiu Kant, se as condições ambientais negarem a possibilidade de futuro. Portanto, o Estado só alcançará a sua plena realização, se não reduzir a sua existência à dimensão terrena da sua sede espacial, e conseguir realizar-se no seio complexo e interdependente de uma multitude de povos com um só planeta comum.

Da inexistência de um esquema organizatório, de uma ordem legal internacional relativa à prossecução dos interesses comunitários, estabelecendo as bases de uma convivência normal – que enquadre esta congénita condição da natureza humana, de viver simultaneamente em competição e em mútua interdependência – entre homens e, entre eles e a natureza, resulta que os estados se estimulam reciprocamente para estarem preparados a ultrapassarem-se no desbaste das partes comuns.

A criação de sistemas de condomínio nos edifícios e, as razões da existência da suas partes comuns, são sérias e estão devidamente alicerçadas na necessidade individual e comum de todos precisarem

---

100 Héritier-Augé, F., (1990) – O Parentesco em Questão. *Jornal Público,* (Leituras), 12 de Julho de 1990 – Versão abreviada de *O Destino do Homem.*

e dependerem do mesmo edifício. As paredes-mestras e as vigas, que constituem a estrutura do edifício, independentemente de estarem ou não no interior de uma fracção individual, são parte comum, uma vez que o seu uso desordenado pode pôr em causa a estrutura de todo o edifício. Transpondo para o planeta: as partes comuns, são autênticas traves mestras de suporte da vida na terra, e devido à ausência de um *direito cosmopolita* (Volkerrecht), que se alarga à relação com as gerações futuras numa mediação realizada pela natureza – a possibilidade de uma afectação sustentável do único recurso comum, em que todos vivemos, está permanentemente ameaçada.

A complexidade da soberania é, para todos os efeitos, aquilo que já existe, só que ainda de forma desorganizada, não assumida.

3.2. **O Condomínio da Terra**

Kant, no seu projecto filosófico 'Paz Perpétua' – 2.° Artigo – *O direito das gentes deve fundar-se numa federação de estados livres* – (1795/96), entende de forma clara esta interdependência de interesses privados e colectivos, e a condição essencial de sujeição, de só na prossecução do interesse comum, se conseguir garantir a cada um o seu direito – *'Os povos podem, enquanto estados, considerar-se como homens singulares que no seu estado de natureza (isto é, na independência de leis externas)* ***se prejudicam uns aos outros já pela sua simples coexistência*** *e cada um, em vista da sua segurança,* ***pode e deve exigir do outro que entre com ele numa constituição semelhante à constituição civil, na qual se possa garantir a cada um o seu direito. Isto seria uma federação de povos que, no entanto, não deveria ser um Estado de povos'***. *(...) 'Assim como olhamos com profundo desprezo o apego dos selvagens à sua liberdade sem lei, que prefere mais a luta contínua do que sujeitar-se a* ***uma coerção legal por eles mesmos determinável****, escolhendo pois a liberdade grotesca à racional, e* *consideramo-lo como barbárie, grosseria e degradação animal da humanidade; assim também – deveria pensar-se – os povos civilizados (cada qual reunido num Estado) teriam de apressar-se a sair quanto antes de uma situação tão repreensível: Em vez disso, porém, cada Estado coloca antes a sua soberania (pois a soberania popular é uma expressão absurda) precisamente em não se sujeitar a nenhuma coacção legal externa e o fulgor do chefe de Estado consiste em ter à sua disposição muitos milhares que, sem ele próprio se pôr em perigo, se deixam sacrificar por uma coisa que em nada lhes diz respeito (...)'*[101]

A nossa interdependência global (que a crise ambiental profunda tornou numa evidência) foi já percepcionada por Kant, a nível social, o que o levou a preconizar a construção de um *direito cosmopolita*. Era sua convicção que através do mecanismo das inclinações egoísticas, que se opõem entre si de um modo natural, se poderia criar um espaço para a regulação jurídica entre estados. Nesta lógica, seria o *espírito comercial*, que não poderia coexistir com a guerra, o que levaria os estados a serem forçados a fomentar a nobre paz e a afastar a guerra, para serem fiéis ao poder do dinheiro. Assim sendo, a própria natureza humana, através dos mecanismos das inclinações humanas, garantiria a paz perpétua. *'O que subministra esta garantia é nada menos que a grande artista, a Natureza (natura daedala rerum), de cujo curso mecânico transparece com evidência uma finalidade: através da discórdia dos homens, fazer surgir a harmonia, mesmo contra a sua vontade'*.[102] A conjugação de vários factores, entre os quais o facto de os recursos serem limitados, inviabilizou o vaticínio kantiano de se encontrar a paz perpétua através da natureza humana, embora a análise do filósofo não deixe de ser interessante, até mesmo visionária, tendo em conta o percurso histórico da Europa até à recente criação da União Europeia. Deste modo, esse 'curso mecâ-

---

[101] KANT, I., (2004) – op. cit., p. 132-133. O sublinhado é nosso.

[102] Id., p. 140.

nico da natureza' parece ser não o da natureza humana, mas o da própria Natureza, que vem convocar a humanidade para a necessidade de criação de um direito cosmopolita.

Mas se, como também afirma Kant, '*o estado de paz entre os homens que vivem juntos não é um estado de natureza (status naturalis), o qual é antes um estado de guerra, isto é, um estado em que, embora não exista sempre uma explosão de hostilidades, há sempre, no entanto, uma ameaça constante*',[103] devemos ter consciência de que foi esta natureza humana que inviabilizou esse projecto quimérico kantiano que '*seria uma federação de povos que, no entanto, não deveria ser um Estado de povos*'. Uma federação implica um poder novo e distinto – o poder federal – que surge acima dos poderes políticos dos estados integrantes e que, num processo gradual, englobaria todos os povos da terra.

Voltamos à ideia central e às referidas 'questões monumentais' de Kofi Annam que resumem o problema da sociedade internacional. 'Quem e como, e com que legitimidade, exerce esse poder distinto, dos poderes soberanos nacionais?' Se o objectivo visado for o êxito efectivo, parece-nos que teremos de considerar o elemento até hoje oculto nesta relação, o planeta, pois da forma como o encararmos e o incorporarmos no nosso sistema de organização social, vai depender o sucesso do nosso futuro. A premissa-base, que altera os esquemas até hoje experimentados ou apenas sugeridos de relacionamento dos povos humanos entre si, é encará-lo como um bem único e indivisível e não confundir a realidade do planeta com o sistema organizatório interno da sociosfera, fazendo reflectir tal realidade na forma como os homens se organizam na terra.

Se a terra é una e indivisível, é assim que terá de ser tratada por todos os povos. E como o faremos? Criando um sistema que divida o que poderá ser objecto de soberanias individuais e mantenha comum o que necessariamente é colectivo e não se pode reduzir à

---

[103] Id., p. 126.

dimensão da organização estatal. Todas estas organizações políticas, estados ou federações de estados, pressupõem uma análise unidimensional da organização política dos povos, e não uma organização pluridimensional que tem em conta não só a natural divisão em nações, mas também a realidade una e interdependente do planeta, que ultrapassa largamente o alcance da abstracção jurídica da soberania estadual. Então o objectivo da **soberania complexa**, que não é o de criar uma comunhão, nem o de criar uma federação de estados, mas sim o de permitir soberanias separadas, num espaço colectivo, o planeta, só é possível distinguindo as partes insusceptíveis de apropriação que são necessariamente comuns a todo o planeta e que é materialmente inviável submeter a qualquer forma de domínio e correspondente divisão. O único modelo jurídico, até hoje concebido que distingue partes individuais e partes colectivas sobre um mesmo bem factualmente unitário, é o Condomínio.

Neste esquema organizatório, tudo vai depender do que se entenda como partes comuns e das suas relações com as partes afectas ao uso exclusivo das soberanias estaduais, tendo em conta que 'a compreensão do diálogo entre o próprio e o comum pressupõe uma análise, de certo modo desenvolvida, do que são partes próprias e partes comuns do edifício. Da consideração do bem como próprio ou comum dependem aspectos importantes do seu regime, como a titularidade da sua administração e a responsabilidade pelas despesas à conservação e à fruição da coisa'.[104]

Cada estado está funcionalmente dependente do uso de áreas comuns como a atmosfera e hidrosfera, que devem estar ao serviço de todos os outros estados, e essa é uma condição obrigatória. Em biologia, quando os organismos agem activamente em conjunto para proveito mútuo, o que pode acarretar especializações funcionais de cada espécie envolvida, diz-se que existe uma relação simbiótica. A simbiose implica uma inter-relação de tal forma íntima entre os

---

[104] PASSINHAS, S. (2002) – *A Assembleia de Condóminos e o Administrador na Propriedade Horizontal*. Coimbra: Almedina, p. 17.

organismos envolvidos que se torna obrigatória; quando não existe obrigatoriedade na relação, dever-se-á falar apenas de proto-cooperação. As relações que a crise ambiental revelou, tornaram as ligações entre sociosfera e biosfera obrigatórias e íntimas, e não apenas uma cooperação eventualmente vantajosa. O Condomínio da Terra é, portanto, simbiótico.

Este facto, de todos '*se prejudicarem uns aos outros já pela sua simples coexistência*' e, portanto, cada um '*poder e dever exigir do outro que entre com ele numa constituição semelhante à constituição civil, na qual se possa garantir a cada um o seu direito*', pressupõe uma planetarização da sociedade internacional, e a existência de uma entidade juridicamente organizada e objectivada na gestão das partes comuns do planeta.

O **Condomínio da Terra** propõe-se como uma forma de adaptação da sociosfera à biosfera concretizada numa nova representação que se pretende conectada com o planeta, porque parte dele para construir uma nova abstracção que não ignora o real, com o qual pretende lidar melhor. É uma tentativa, sob forma de modelo jurídico, de conformação da complexidade objectiva da natureza com a nossa capacidade subjectiva de a representar.

O **Condomínio da Terra** pretende-se, igualmente, como um modelo de divisão da comunidade de bens do condomínio, com os seus respectivos direitos e obrigações, aplicado à Casa Comum da humanidade, gerindo os espaços naturais comuns: garantindo a perenidade do exercício da soberania exclusiva e independente de cada estado, nos limites da sua fracção da crusta terrestre, que não deixa nunca de ser parte integrante de um único 'bem jurídico universal'.

Nos sistemas condominiais, a necessidade de existir uma entidade a quem compete zelar pelos interesses de todos, não é encarado como uma limitação à soberania, mas como possibilidade de a exercer, e não entra em conflito com a soberania individual de cada estado, uma vez que as necessárias competências para a prossecução de interesses colectivos são exercidas sobre elementos comuns, e são fruto de uma necessidade global natural e não uma imposição externa de um ou mais estados sobre os demais. O poder *independente* mantém-se na sociedade internacional, e está em pé de igualdade com os poderes supremos dos outros povos. O que passa a existir é uma separação de competências que, tal como na relação simbiótica, se traduz num grau de especialização, por parte de uma entidade, na prossecução dos interesses comuns. As novas regras são fruto de uma necessidade global e de uma verdadeira comunidades de interesses. No condomínio dos edifícios, Sandra Passinhas entende que 'descobriremos um interesse colectivo, sobre as partes comuns, que é, ainda, um interesse referido aos condóminos, mas que se distingue da soma dos interesses individuais. Este interesse pressupõe um esquema organizatório semelhante ao utilizado para as pessoas colectivas. (...) o esquema organizatório permite-nos considerar a assembleia de condóminos e o administrador verdadeiros órgãos do condomínio'.[105] Este facto de, em qualquer comunidade, os interesses colectivos serem mais do que a soma dos interesses individuais, é o motivo e fundamento da debilidade endémica do direito internacional actual. Teoricamente construído como uma agregação anárquica e desorganizada de entidades estatutariamente iguais, mostra-se incapaz de projectar um horizonte orientador na definição do interesse comum, impedindo que o interesse colectivo ganhe qualquer tipo de transcendência relativamente ao interesse individual, esquecendo que o interesse individual de cada estado só poderá ser totalmente realizado no contexto da sua dependência do interesse comum.

Outro factor da maior importância na modelação do modelo jurídico do condomínio, prende-se com a incorporação no próprio modelo jurídico de um conceito económico, isto é, um sistema de obrigações pecuniárias que financiam a manutenção e a preservação das partes comuns. Esta característica, adaptada à Casa Comum da Humanidade, será determinante para compatibilizar o sistema natural da biosfera com os sistemas jurídico e económico da sociosfera.

---

[105] Id., p. 11.

Se o conceito e o modelo forem considerados válidos, as formas da sua realização em concreto poderão ser várias e não serão com certeza estáticas, antes pelo contrário, muitas das respostas surgirão apenas ao percorrer o caminho. Compete-nos, no entanto, avançar desde já com soluções que neste momento se nos afiguram sustentadas e que nos parecem retratar acertadamente os factos, pela procurada atenuação do fosso existente entre a teorização da realidade operada pelo actual conceito de soberania e a realidade da dinâmica ecológica da biosfera. A tarefa é audaz, mas as circunstâncias exigem respostas que, numa perspectiva de sustentabilidade temporal, ultrapassem largamente a adaptação tecnológica.

3.2.1. *Partes comuns e soberanias*

Onde cabem no nosso sistema jurídico essas leis globais das interligações, que só em parte conhecemos e, tal como as normas do direito natural, também não estão escritas, e às quais nenhum estado no âmbito do exercício do seu poder de soberania está em posição de aderir ou não aderir? O que adianta cada estado proteger os seus bens jurídicos autónomos, como fauna, flora, solo, ar, e água, se posteriormente as interligações entre todos estes, ao nível global, vierem alterar as temperaturas e outros elementos do sistema, provocando consequências avassaladoras em todos eles?

Reconhecendo as ordens jurídicas estaduais a natureza, e seus elementos, como bens jurídicos autónomos, pergunta-se como ligá-los ao o super sistema global em que estão inseridos e no qual se encontram em relação de simbiose? Como transportar estes bens jurídicos autónomos para a única dimensão que na realidade eles têm – a dimensão global, universal? Como proceder em Direito Internacional? Como incluir não só esses elementos vitais da natureza, mas também as suas interligações?

A resposta que se pretende avançar para tais questões, consubstancia-se numa operação de separação desses elementos, do conceito de soberania actual, encarando-os como partes comuns do planeta, insusceptíveis de apropriação individual. A soberania complexa implica, como foi dito, a existência simultânea de fracções estaduais soberanas autónomas e partes comuns e para tornar possível a soberania individual e a soberania partilhada sobre partes comuns em simultâneo, ter-se-á obrigatoriamente de realizar uma prévia definição do que é individual e do que deve ser comum.

Esta tarefa de delimitação, especializando as formas de posse em função da natureza de cada elemento constitutivo do bem materialmente uno, organiza a realidade una e complexa, permitindo que sobre ela se edifique um sistema conciliatório dos vários interesses normalmente conflituantes. A distinção entre partes próprias e comuns obriga à aceitação de algumas premissas que, por sua vez, nos facultarão um sistema descodificador e ordenador da função que cada parte do planeta desempenha, permitindo que sobre essa ordem se construa uma organização da sociosfera assente na consideração prévia que tem em conta as especificidades desses elementos vitais do planeta.

A premissa-base que serve de fundamento a esta delimitação entre bens próprios e comuns, será a de uma ética centrada na vida, que se entende como uma 'ética de liberdade, uma denominação a partir das tarefas prioritárias associadas à harmonização entre as obrigações e os direitos dos homens perante e no seio da Natureza'.[106] Neste trabalho de harmonização, serão consideradas comuns todas as partes que constituem o suporte da vida no planeta e têm como função assegurar a sua estabilidade. Materialmente unas e insusceptíveis de divisão jurídica, terão de ser consideradas de forma global.

A superfície natural da crusta terrestre, a chamada litosfera, é a parte do planeta, por natureza suficientemente estável e firme, que permite que sobre ela se exerçam direito exclusivos de soberania territorial, considerados como partes próprias e de uso exclusivo de cada estado titular dessa soberania.

---

[106] SOROMENHO-MARQUES, V. (1998) – op. cit., p. 146.

Cada condómino da soberania complexa é soberano exclusivo da fracção de território do seu estado e comproprietário das partes comuns do planeta. O conjunto dos dois direitos será incindível; e não será lícito renunciar à parte comum como meio do condómino se desonerar das despesas necessárias à sua conservação ou fruição.

Os territórios soberanos fazem parte de uma estrutura unitária, são partes componentes do mesmo planeta, e isso é por si só suficiente para criar relações especiais de interdependência entre todos os estados, e impor-lhes a condição de condóminos do edifício global que é o planeta. Parece mesmo que esta é uma condição que existe *per se,* que não é dependente dos estados aceitarem ou não a condição de condóminos. As partes comuns são complementares e integram as soberanias, constituindo-as todos aqueles elementos estruturais do sistema terrestre que sustentam a vida e permitem a comunicação ou a ligação espacial entre os elementos naturais e as várias soberanias. São um complemento estrutural e funcional da soberania, dos quais esta não pode abdicar e que requerem uma administração comum. Dependendo da vontade dos condóminos globais, outros elementos que existem no planeta podem ou não ser considerados partes comuns, pois embora melhorando o gozo da soberania singular, a ela não são de todo indispensáveis. Assim, podem ou não ser incluídas na necessária 'Convenção Constitutiva', sem prejuízo do direito de soberania de cada estado. As partes comuns estão, em todo o sistema natural terrestre, em contacto com a fracção autónoma de cada um dos condóminos.

3.2.2. *Partes necessariamente comuns*

É um facto que a vida tem uma história de milhões de anos. E ter história é sinónimo de existirem acontecimentos, evolução e movimento. Se uma perspectiva histórica pretende decifrar os movimentos determinantes, isto é, as grandes linhas de evolução num espaço temporal lato, não quer dizer que entre esses grandes acontecimentos haja um vazio. Antes pelo contrário, esses acontecimentos são o acumular de milhões de pequenos factos vividos dia após dia. E neste 'dia a dia' da história natural sucedem-se milhões de fenómenos que se repetem sucessivamente e mudam em espaços temporais que não são perceptíveis à escala temporal de uma vida humana. Na natureza, a palavra 'ciclo' aparece como um 'esquema' de que nos servimos para nos explicarmos perante ela. Acontece que a forma simplificada e redutora desta ideia não acompanha a realidade, esquece a desordem frequentemente fecunda.

Sem a desordem desta teia, com conexões subtis e ocultas, não haveria inovação, criação, evolução. Mas também é verdade que nenhuma existência seria possível na desordem pura, pois inexistiriam elementos de estabilidade para aí fundar uma organização. Estes elementos de estabilidade que são estruturais na organização do sistema natural da vida terrestre, terão imperativamente de ser partes comuns, sob pena do modelo jurídico proposto não funcionar.

Aqui será de distinguir entre a titularidade da soberania e o uso ou afectação prática da coisa comum, muito embora haja uma estreita correlacção entre estes dois conceitos – no caso do **Condomínio da Terra** a presente distinção manifestar-se-á na questão da assunção dos custos relativamente à forma de uso da coisa comum.

Até aos finais do século XX lográmos alcançar um conhecimento, que estimamos bastante aproximado, daquelas que são as bases e os elementos chave dessa estabilidade em que se baseia a organização da biosfera, e que nos permite, com alguma segurança, avançar uma proposta em que estes ciclos, estes milhões de fenómenos que se repetem sucessivamente, sejam incorporados no nosso sistema de divisão de povos, como partes comuns que representam um interesse simultaneamente pessoal e colectivo global, a que poderemos chamar de interesses difusos globais. Esta insusceptibilidade de apropriação individual, por parte de indivíduos ou de estados, dos bens necessariamente comuns, preenche uma característica essencial dos interesses difusos, cuja violação transcende necessariamente quer a esfera individual quer a esfera estatal. Os interesses difusos são já uma realidade no direito de muitos estados, em matérias como a saúde pública, o consumo, o ambiente e o património cultural. Em matéria ambiental, e como consequência da descoberta da globalização do sistema natural terrestre, não resta outra alternativa senão a de perspectivar estes elementos naturais como interesses colectivos globais – aferidos pelas necessidades efectivas de todos os membros da comunidade internacional – como bens forçosa e imperativamente comuns, pois transcendem o âmbito restrito de cada soberania e revestem um interesse colectivo universal. Logo, requerem uma administração especializada global que, por ser especializada na sua manutenção e reparação, não colide com as soberanias estaduais, antes pelo contrário, complementa-as e assegura a sua viabilidade.

3.2.2.A. *A Atmosfera*

A auto-regulação da terra processa-se num sistema de compensações de temperatura, pressão e humidade que mantém um equilíbrio dinâmico natural, em todas as suas regiões. A própria separação dos elementos atmosfera e hidrosfera é, de alguma forma, apenas um meio de organizarmos, mais uma vez, uma realidade que é complexa e una, pois é precisamente a influência e interacção dos oceanos com a atmosfera que geram uma transição suave de temperaturas em todo o planeta e sustentam os mecanismos da sua auto regulação. A atmosfera tem vapor de água em suspensão no ar, principalmente nas camadas baixas (75% abaixo de quatro mil metros de altura) e exerce o importante papel de regulador da acção do sol sobre a superfície terrestre. Da mesma forma, os oceanos têm ar, e as suas relações vão muito mais longe do que ainda podemos imaginar.

Mesmo estando em causa um sistema em que não é possível a cabal delimitação do que é uno, podemos definir a atmosfera como uma fina camada de gases sem cheiro, sem cor e sem gosto, presa à terra pela força da gravidade. É a atmosfera que protege a vida no planeta terra, absorvendo radiação solar ultravioleta e variações extremas de temperatura entre o dia e a noite. Na baixa atmosfera, o ar desloca-se tanto no sentido horizontal, gerando os ventos, quanto no vertical, alterando a pressão. Uma das maiores determinantes na distribuição do calor e humidade na atmosfera é a circulação do ar, pois esta activa a evaporação média, dispersa as massas de ar quente ou frio conforme a região e o momento. Por consequência, caracteriza os tipos climáticos. Aos movimentos verticais e horizontais de superfície, somam-se os *jet streams*, e os deslocamentos de massas de ar, que determinam as condições climáticas do planeta, e o tornam num único sistema insusceptível de qualquer divisão jurídica, mesmo que hipotética. As proporções relativas dos gases mantêm-se constantes até uma altitude aproximada de 60 km. E são esses movimentos que determinam que o uso que qualquer condómino global faça da porção atmosférica que naquele momento está em contacto consigo, se repercuta em todo o sistema e em todos os outros condóminos. A atmosfera é imperativamente uma parte comum. Quando saímos de casa, mesmo numa grande cidade, estamos envolvidos pela natureza. Respiramos 25 vezes por minuto e estamos protegidos por um 'cobertor térmico', de vapor de água e dióxido de carbono, que impede que o calor recebido do sol seja todo reflectido.

3.2.3.B ***A Hidrosfera***

Só pela consciência da percepção antropocêntrica com que encaramos o planeta, poderemos entender o porquê deste planeta se chamar 'Terra'. Se 71% da superfície terrestre está coberta de água, este facto numérico é irrelevante face ao que a água significa no planeta. Se a água ficasse isolada no mar e fosse, por sua vez, um sistema isolado da terra, a vida ficaria confinada às profundezas do oceano. Este é único planeta conhecido que possui água nos três estados, e são precisamente os movimentos de transferência de um estado para outro, conjuntamente com a circulação da atmosfera, que originam este constante processo da vida, por cima das nossas cabeças, à nossa volta, e por debaixo dos nossos pés. Todas as formas de vida, até hoje conhecidas, possuem sempre entre 50% a 95% de água. Aliás, a própria temperatura que existe na terra, e que permite a alternância de estados e consequentemente a vida, está directamente ligada com a existência de água em estado líquido. Numa análise simples da distância sol/terra teríamos uma temperatura de -20°C e os pólos uniam-se no equador. É a inclinação do eixo terrestre que explica o facto de a água demorar muito tempo a arrefecer ou a aquecer, e a possibilidade de se evaporar e formar esse cobertor térmico da atmosfera, que confere à terra esta temperatura confortável, sem os extremos dos outros planetas. Então qual será o motivo de atribuir a este planeta de vida, de água, o nome terra? Talvez a resposta se encontre no facto de não sermos animais aquáticos...

A perseverança da água, a sua versatilidade, capacidade de se dissolver, comunicar, tolerar, fez com que moldasse o mundo e o enchesse de vida. Entendê-la nestas múltiplas dimensões, é também saber que todas as moléculas de água que existem na terra se mantiveram constantes ao longo da própria história do planeta, que foram e continuam a ser sempre as mesmas, que todas elas já passaram por todos os estados, já estiveram em todos os lados, já fizeram parte de todos os organismos vivos que povoaram a história da terra, e deram a volta ao planeta provavelmente milhões de vezes. Em média, uma molécula de água permanece 2500 anos no oceano e 10 dias na atmosfera. No caso de não voltar a cair no mar, mas sim na crusta terrestre, pode escoar do rio para o mar na mesma hora, ou em centenas de anos. Num planeta onde nada é isolado e impermeável, a água penetra, desagrega-se em humidade, comunica por dissolução, deita-se em lençóis, corre em rios com tecto e sem vale e, quando renasce debaixo da esfera celestial, nasce já com todo o tempo do mundo.

Mesmo assim, poderemos definir hidrosfera, do grego: *hidro* + *esfera* = *esfera da água,* como a esfera de todas as águas do planeta ou camada descontínua sobre a superfície do planeta que tem água. Compreende todos os rios, lagos, lagoas e mares e todas as águas subterrâneas, bem como as águas marinhas e salobras, águas glaciais e lençóis de gelo e vapor de água. A hidrosfera é uma das divisões da biosfera e está intricadamente relacionada com a atmosfera e com todas as formas de vida. Dado o seu carácter peregrino, praticamente contínuo ao longo dos 4700 mil milhões de anos de vida do planeta, constitui conjuntamente com a atmosfera um dos suportes estruturais da vida. Também a hidrosfera é uma parte imperativamente comum.

Atmosfera e hidrosfera, seriam, pois, as duas partes obrigatoriamente comuns do **Condomínio da Terra**.

3.3.3. *Partes presumidamente comuns*

Da manutenção e gestão das partes necessariamente comuns, dependerá a possibilidade de manutenção da vida na terra tal como a conhecemos até há poucos anos. Embora não haja consenso quanto a uma definição de biodiversidade, a **biodiversidade** ou **diversidade biológica** é aqui entendida como uma 'medida da diversidade relativa entre organismos presentes em diferentes ecossistemas'. Esta definição inclui diversidade dentro da espécie e entre espécies e diversidade comparativa entre ecossistemas. A biodiversidade refere-se tanto ao número (riqueza) de diferentes categorias biológicas quanto à abundância relativa (*equitabilidade*) dessas categorias. E inclui variabilidade ao nível local (alfa diversidade), complementariedade biológica entre habitats (beta diversidade) e variabilidade entre paisagens (gama diversidade). Engloba, assim, a totalidade dos recursos vivos, ou biológicos, e dos recursos genéticos bem como os seus componentes. Esta diversidade biológica depende directamente do estado da atmosfera e da hidrosfera, e das temperaturas e níveis de humidade que elas permitirem. Poderá ser inútil qualquer intervenção de preservação da Biodiversidade a nível local, num quadro de alterações climáticas globais. Os cientistas prevêem que todas as formas de vida na terra serão afectadas pela alteração do habitat natural das espécies – 20 a 30 por cento delas estarão ameaçadas de extinção com uma subida da temperatura superior a dois ou três graus. O branqueamento de corais já está a acontecer, a savana ganha terreno sobre a floresta da Amazónia, os ursos deixaram já de hibernar, várias espécies de fungos, como os cogumelos, como resposta às alterações climáticas estão a reproduzir-se duas vezes por ano. Os ritmos biológicos das plantas e animais já estão alterados.

Só mantendo as temperaturas médias e controlando o efeito estufa é que existirão as condições de base necessárias para que possam existir políticas de preservação da diversidade da vida com uma eficácia a médio prazo. Não vale a pena isolarmos um determinado espaço para tentar garantir a preservação desta ou daquela espécie ou habitat, se a alteração dos ciclos naturais, como já está a acontecer, vier a pôr em causa todo esse trabalho. A variedade da vida no planeta terra, incluindo a variedade genética dentro das populações e espécies, a variedade de espécies da flora, da fauna, de fungos macroscópicos e de microrganismos, a variedade de funções ecológicas desempenhadas pelos organismos nos ecossistemas, a variedade de comunidades, habitats e ecossistemas formados pelos organismos atravessam as fronteiras geopolíticas da sociosfera. Num sistema uno, a espécie humana depende não só da atmosfera e da hidrosfera para a sua sobrevivência, mas também da biodiversidade. E só pela ponderação de que a biodiversidade depende mais da manutenção dos ciclos naturais do que das convenções para a sua preservação, é que optamos pela sua consideração como parte presumidamente comum, isto é, que os estados podem, na convenção constitutiva do Condomínio da Terra, em função das especificidades de cada situação, considerar casuisticamente como parte comum ou não. Portanto, materialmente adoptamos como critério a condição de bens que prestam um serviço comum e que proporcionam uma melhor manutenção das partes comuns do planeta, e que como tal se presumem comuns, mas em que em situações específicas, os estados, por acordo poderão afastar tal presunção. De ressalvar aqui, que nos próprios projectos da Estratégia Mundial de Conservação da Natureza do UICN, havia já a intenção de considerar a biodiversidade como património comum da humanidade.

3.3. **Separar para unir**

Sem o pré-acordo, de administrar de forma comum e unificada o que é comum e unificado na natureza, e de administrar de forma individual e exclusiva o que a natureza permite que seja juridicamente separado, toda e qualquer tentativa de acordos locais ou pontuais, mais não serão do que paliativos que não resolvem a Torre de Babel dos Bens Comuns em que vivemos. Por outro lado, ao separar o que é separável e manter uno o que é uno, poderemos ultrapassar os nossos *mecanismos de inclinações egoísticas* e o *estado de guerra* que a nossa condição de humanos nos 'impõe'. Organizemo-nos, partindo da realidade que é o nosso único planeta para tentar, 'através da discórdia dos homens, fazer surgir a harmonia, mesmo contra a sua vontade'.[107]

[107] Kant, I., (2004) – op. cit., p. 140.

CAPÍTULO IV

O Direito de Visita

'trata-se aqui de um '*direito de visita*',
que assiste todos os homens,
em virtude do direito da propriedade comum
da superfície da Terra'
IMMANUEL KANT

4.1. A responsabilidade pelo futuro

Ao considerarmos cada estado, não como um património, mas como uma sociedade de homens, percebemos que os fins próprios dos estados se realizam numa sucessão permanente de gerações. Uma sociedade é então constituída não só por aqueles membros que estão vivos, como por todos os seus antecessores e sucessores. O propósito das sociedades humanas realiza-se no bem-estar e prosperidade de todas as gerações, o que pressupõe a vivência de uma consciência temporal de múltiplas dimensões. 'Um povo é já um futuro e vive do futuro que imagina para existir'.[108] A relação entre uma cultura e um meio ambiental herdados de todas as gerações anteriores, e a construção de uma nova e futura herança,

[108] LOURENÇO, E. (1999) – op. cit., p. 10.

coloca cada geração na posição de elo de uma corrente, em que a existência de cada uma se justifica na relação que mantém com todas as outras. Este encadear de elos é garantido através de uma **mediação operada**, no essencial, por aqueles elementos que são **os suportes da vida**, pelos processos ecológicos e condições ambientais que foram igualmente usufruídas por todas as gerações que nos precederam. Ora a essência da existência das 'partes comuns' no modelo do **Condomínio da Terra** funda-se, precisamente, no facto de elas terem sido desde sempre partes comuns a todas as gerações de homens e de seres vivos que visitaram a terra, e que, por momentos, fizeram parte do Sistema Natural Terrestre. Da nossa condição simultânea de visitantes e constituintes desse sistema deriva um direito cosmopolita inalienável e intergeracional de uso do meio ambiente. 'Não se fala aqui de filantropia, mas de um direito', (...) trata-se aqui de um *direito de visita* que assiste todos os homens para se apresentar à sociedade, em virtude do direito da propriedade comum da superfície da Terra, sobre a qual, enquanto superfície esférica, os homens não podem estender-se até ao infinito, mas devem finalmente suportar-se uns aos outros, pois originariamente ninguém tem mais direito do que outro a estar num determinado lugar da Terra'.[109]

Na época de Kant não se colocava sequer a possibilidade de inviabilidade de exercício do direito de visita ao planeta das gerações vindouras, por razões relacionadas com o facto das condições de ordem ambiental não serem adequados à espécie humana. Mas, no entanto, ele preconizou já o 'direito de visita' entre contemporâneos 'em virtude do direito da propriedade comum da superfície da Terra'. Com o alargamento temporal da ideia de justiça, este 'direito de visita' estende-se à visita das gerações futuras ao planeta. Não é lícito, e contraria toda a tradição moderna jusnaturalista dos direitos humanos fundamentais e, em particular, do que se define como **direito à vida**, que cada povo, na

[109] Kant, I., (2004) – op. cit., p. 137.

busca exponencial de melhores condições de vida para cada um dos seus membros actuais e futuros, o faça de forma a comprometer o uso futuro das partes comuns, violando os direitos de todos os outros membros actuais e futuros da comunidade global.

Esta consciência temporal alargada transforma a nossa relação com o presente. E é com a sua realização que surge a visão da vida de cada um como uma visita ao Sistema Natural Terrestre, como uma premissa do princípio ético central do desenvolvimento sustentável que é o da equidade e, particularmente, a equidade intergeracional. A Comissão Brundtland, que desempenhou um papel proeminente na popularização da noção de desenvolvimento sustentável, definiu-o em termos de equidade como 'desenvolvimento que satisfaz as necessidades do presente sem comprometer a possibilidade de as gerações futuras satisfazerem as suas próprias necessidades'. Posteriormente, o relatório da Comissão de 1987, *O Nosso Futuro Comum*, foi adoptado pelas Nações Unidas e a sua definição aceite por muitas nações em todo o mundo. Desde então, a retórica da equidade foi incorporada em numerosas estratégias e políticas de desenvolvimento sustentável, tendo a Cimeira da Terra no Rio, em 1992, reafirmado o papel central da equidade na sua Agenda 21 e na Declaração do Rio.

Muito já foi escrito sobre o que será ou deveria ser o desenvolvimento sustentável. Não se discute a invocação da legitimidade ético-jurídica do princípio da equidade intergeracional, ou a declaração da existência de um património comum da humanidade e da tão necessária preservação da biodiversidade. Não se conhece quem afirme e escreva o contrário. Ninguém proclama a destruição do ambiente, ninguém defende a maior das injustiças que seria a eliminação das possibilidades das gerações futuras usufruírem da salubridade dos elementos naturais vitais para poderem efectivamente viver. É unânime a aceitação da obrigação moral para com as gerações futuras, principalmente porque sendo seres que ainda não nasceram, não podem exprimir a sua opinião relativamente a decisões tomadas hoje e que as irão afectar. Nessa sua potencial futura visita ao planeta, todas as gerações detêm inatamente o mesmo direito cosmopolita, inalienável e intergeracional, já referido, de uso do meio ambiente. Todos estes princípios e intenções serão até a expressão do mais elementar bom senso.

Mas 'a marcha das cinco principais variáveis, a saber, população, produção industrial *per capita*, produção de alimentos *per capita*, utilização de recurso e poluição, tornam o desenvolvimento sustentável ainda numa promessa, vacilando entre a retórica do discurso conservador e a urgência imposta pela gravidade da situação objectiva'.[110]

A herança que transmitimos é uma enorme conquista tecnológica que, por um lado, potencia o bem-estar e prosperidade das gerações futuras, mas que, por outro lado, importa um pesado fardo de desarticulação dos elementos vitais de suporte da vida, que torna vazia de sentido a demanda da saga humana, transformando o desenvolvimento sustentável numa utopia patológica no quadro da 'confusão' de disfuncionamentos coexistentes.

O paradoxo é labiríntico: 'Enquanto a comunidade científica consegue viajar com a sua tecnologia a 20 anos-luz de distância e sem sair de casa encontrar novos planetas (o Gliese), a Humanidade não conseguiu ainda fazer uso do seu potencial, para encontrar um modelo de gestão do património comum, que estanque ou evite o surgimento de impactes ambientais que inviabilizam o uso dos recursos do planeta que a suportam'.[111]

Corremos um sério risco de sobrar uma Sociosfera plena de tratados e leis sobre a protecção da biosfera, e uma Biosfera plena de alterações que mutilam a possibilidade da sua articulação com a vida dos homens.

Os ajustes tecnológicos não serão suficientes e a máquina de destruição da natureza não irá parar se não lhe alterarmos os pressupostos de funcionamento, o que ainda não aconteceu, e por

---

[110] SOROMENHO-MARQUES, V. (1998) – op. cit., p. 37.

[111] MARTINS, A. (2007) – Desafios do Ambiente. *Jornal de Notícias*, 2 de Maio de 2007.

isso 'o mais inquietante, tanto do ponto de vista categorial como ao nível das legítimas e elementares expectativas práticas de qualquer habitante desta época, é a confirmação da extrema inércia do real estabelecido'.[112]

A responsabilidade pelo futuro, para além das declarações de sustentabilidade, passa pela acção de efectiva mudança da lógica jurídica e económica.

Se o plano jurídico teve como quadro de referência o funcionamento em sistema fechado do conceito clássico de soberania, que cristalizaria a incapacidade de acção conjunta na prossecução do interesse comum, também na actividade económica, o quadro de referência para o sujeito racional que a decide e executa, manteve-se em circuito fechado, limitando o cálculo dos custos e benefícios à parte interior da acção económica, ou seja, e por outras palavras, susteve-se no seio de um funcionamento restringido à 'interioridade' da Sociosfera, o que subverte todo o cálculo financeiro e económico da actividade em causa. O custo e proveito internos, assim como os custos e benefício para o próprio agente económico que determina acção, são os únicos elementos de cálculo económico tidos em conta.

Da mesma forma que o exercício de uma 'soberania isolada' nos trouxe a consciência das dependências e da forma descoordenada e competitiva como temos tratado partes do planeta que são material, funcional e temporalmente comuns, também na economia seriam as consequências nefastas do descrito funcionamento em sistema fechado de 'internalidades', a alertar para a existência de 'externalidades' e, ainda, da simultânea descoordenação e descontextualização do cenário planetário dos sistemas jurídico e económico.

O sistema produtivista de mercado contém, na sua própria lógica de acção, um conflito imanente com o objectivo da qualidade de vida ambiental. Partindo de um pressuposto predominante, mas

---

112 SOROMENHO-MARQUES, V. (1998) – op. cit., p. 25.

errado, de que os recursos seriam ilimitados ou pelo menos inesgotáveis no horizonte de longo prazo, nem a sua poupança, nem a preservação do ambiente justificava, quer em termos de decisão individual de investimento e de produção, quer em termos de decisão colectiva, uma significativa preocupação com problemas aparentemente externos. Quando o problema ambiental surge, já toda esta lógica está implementada, movendo-se como uma poderosa máquina de tecnologia que, sem cessar, dispara uma agressão ao ambiente sem precedentes. Entre a procura de soluções alternativas e a integração desses novos custos numa economia de mercado concorrencial global, confunde-se o que serão meras adaptações tecnológicas com a necessária mudança de paradigma. A lógica de garantia das melhores condições de exercício para a actividade económica, num sistema hipoteticamente isolado, é, pelo menos nesta fase e nos ordenamentos jurídicos que temos, potencialmente conflituante com a lógica de defesa do ambiente.

A poluição, no seu sentido mais amplo, revela-se como uma das mais importantes manifestações da relação entre a actividade económica produtiva e a Biosfera. Será precisamente a propósito da poluição, que os economistas apercebem-se, pela primeira vez, que em todo o cálculo económico há uma série de efeitos 'externos' ao sistema interno da Sociosfera, mas 'internos' do supra-sistema Biosfera, da qual aquela depende. 'Quer dizer, uma actividade económica não se processa em laboratório, protegida por paredes artificiais do mundo que a rodeia, dos outros seres humanos e do outro mundo em que ela se insere, e o raciocínio económico abstracto que referi, que é do sujeito racional, esquece, minimiza, sobretudo, despreza o lado externo da actividade económica e esse lado externo existe quase sempre'.[113]

Estas externalidades negativas em economia, usualmente chamadas de 'disfunções ambientais', são na realidade 'disfunções

[113] Franco, A. S. (1994) – Ambiente e Economia. Centro de Estudos Judiciários. Textos, Actividade económica e Direito do Ambiente. Disponível em www.diramb.gov.pt. Texto 7525.

económicas', uma vez que o problema encontra-se na deficiente adaptação da economia à realidade biológica do planeta – problema está na economia e não no ambiente.

Prova disso, foi o próprio relatório, de Nicholas Stern, sobre a *Economia das Alterações Climáticas,* já referenciado, que para todos os efeitos veio **internalizar** na economia global, e consequentemente no PIB de cada estado e por inerência, num futuro próximo, no próprio rendimento de cada empresa e cada família, aquilo a que antes chamávamos de 'externalidades'. As disfunções que a nossa actividade económica descontextualizada provoca são-nos 'externas', como se não estivéssemos inseridos num sistema do qual somos parte. Mais uma vez, e também na economia, a própria forma de nomearmos o problema, encerra em si uma lógica tradutora de um mero exercício cerebral de separação entre homem e natureza e uma visão antropocêntrica ainda hoje dominante.

Se, no direito, o conceito de soberania se processa apenas nos mapas políticos das relações entre povos – uma vez que o carácter do objecto de regulamentação jurídica é um objecto que se situa no mundo natural sem fronteiras, provocando as consequentes disfuncionalidades jurídicas – por sua vez, também a economia, como se referiu, não se processa em laboratório, de forma desconectada do cenário sobre a qual se exerce. Teremos então de aceitar critérios de produção de efeitos jurídicos e económicos extra-territoriais, fora das tradicionais regras das normas de conflitos e de transacção, podendo estes factos revelar-se imperativos para a valorização jurídica e económica da interdependência global.

O grande conflito no processo de equilíbrio consiste em encontrar o meio-termo entre a permanência da estrutura realizada e a génese que prossegue a marcha evolutiva. O excesso de estruturalismo gera o dogmatismo, isto é, a defesa de estruturas que a realidade já tornou obsoletas. O excesso de evolucionismo gera criticismos, isto é, excesso de mudança e como lembra Jean Piaget 'não há génese sem estrutura, nem estrutura sem génese'. Da mesma forma que o conceito de soberania é fundamental para encontrar uma possível solução para a articulação entre interesses individuais e comuns, proposta no modelo do Condomínio da Terra, também na economia o conceito de eficiência económica será fundamental para a integração da economia na Biosfera, desde que não oculte e mutile a realidade incontornável do carácter uno do planeta. Isto é, se uma determinada actividade provoca disfunções a que chamamos 'externas', mas que, numa fase posterior se vêm a revelar causadoras de profundos efeitos internos, então essa actividade não é eficiente. Para a filosofia, e para além do problema do desconhecimento abordado no capítulo primeiro, o problema ambiental surge como o corolário lógico da separação das várias áreas do conhecimento e a consequente desarticulação dos seus elementos, funcionando cada um sob lógicas diferentes. Ignorou-se, então, que o complexo – cuja análise em elementos simples nos revela o contexto de todas inter-relações e interdependências – não é o mesmo que confusão: esta, no seu simplismo, usa os elementos simples sem tentar entender de que forma esses elementos actuam num todo. Referimo-nos ao fenómeno hoje vulgarmente chamado de 'interdisciplinaridade' e que Pascal havia já referenciado: '*todas as coisas são causadas e causadoras, ajudadas e ajudantes, mediatas e imediatas, que todas se mantêm por um elo natural e insensível que liga as mais afastadas e as mais diversas*'.

A existência de 'externalidades negativas', que Sousa Aragão entende, juridicamente, como 'fontes de injustiças sociais, pois significa, que são causados danos impunemente à sociedade' e, economicamente, como 'fontes de ineficiência na afectação de recursos',[114] deve-se às disfuncionalidades entre a Biosfera e as abstracções jurídicas e económicas, fruto da descontextualização dos sistemas humanos do Sistema Natural Terrestre.

[114] Cit. por SOARES, C. A. Dias (2001) – O Imposto ecológico. Contributo para o estudo dos instrumentos económicos de defesa do ambiente. Coimbra: Universidade de Coimbra/Coimbra Editora, p. 80.

Embora se exerçam em lógicas diversas, a concepção jurídica, a economia e a ecologia estão intimamente ligadas. Certo é que com a separação dos conhecimentos e a sua aplicação forçada a um mundo que é uno, transformou-se o que é complexo em confusão, em inextricável desordem, em labiríntica ambiguidade, em incerteza...'Daqui resulta que a vida é, não uma substância, mas um fenómeno de auto-eco-organização extraordinariamente complexo que produz autonomia. Desde então, é evidente que os fenómenos antropossociais não poderiam obedecer a princípios de inteligibilidade menos complexos e doravante requeridos para os fenómenos naturais. É-nos preciso enfrentar a complexidade antropossocial e não dissolvê-la ou ocultá-la (...) O meu propósito é fazer compreender que um pensamento mutilador conduz necessariamente a acções mutiladoras'.[115]

Pela natureza das coisas, as diferentes lógicas exercem-se sobre uma mesma e só realidade e a actividade económica do homem, e a sua articulação com o conjunto de elementos ambientais, constitui uma das principais ligações homem/ambiente a par da ligação, digamos, biológica ou biofuncional. A estrutura jurídica e o sistema económico são parte integrante do ambiente humano, como elemento profundamente influente da ordenação natural do ambiente. A alteração que estamos a provocar na constituição dos elementos vitais da vida no planeta poderá produzir uma nova ordenação que nos será hostil.

'O Direito Económico e o Direito do Ambiente, em muitos institutos, mesmo quando convirjam em linhas de orientação concretas, por exemplo na protecção dos recursos naturais, têm lógicas diversas. Eu não creio que este conflito não seja insuperável. Mas em todo o caso, lendo, digamos assim, a realidade que é constituída pelos nossos ordenamentos jurídicos, parece-me que ele existe e que mesmo em países mais avançados num domínio e noutro, até por mais avançados na experiência da sociedade

[115] Morin, E., (2001) – op. cit., p. 21.

industrial e tecnológica, não está claramente estabelecido qual o ponto de equilíbrio e qual a linha de superação'.[116]

Para o 'direito de visita' ser possível e o desenvolvimento sustentável não permanecer como uma retórica utópica, é necessário reorganizar e compatibilizar os sistemas da sociosfera em função de um supra-sistema que nos impõe uma incerteza e um correspondente *dever-ser*.

4.2. A Valorização Jurídica e Económica da Interdependência Global

A intricada interdependência global, depois de descoberta e vivida, tem de ser valorizada jurídica e economicamente. E ela é de tal forma profunda, e com tais implicações globais e duradouras, que a formulação do presente modelo jurídico de condomínio, só se realizará conjuntamente com uma formulação do modelo económico. Observando-se estes factos fundamentais, eles não podem ser desrespeitados; por isso, 'é necessária uma massiva reestruturação ('Transformação eco-estrutural')[117] do sistema económico mundial de modo a evitar-se uma catástrofe ecológica a nível global e uma imensa crise económica ou o próprio colapso da economia'.[118] Hoje, já conscientes da pressão exterior que o supra-sistema da biosfera exerce sobre as soberanias, terá de se partir da estrutura existente, com vista à adaptação das nossas necessidades à nova realidade externa, entretanto descodificada. Cada indivíduo e cada grupo humano funciona num sistema aberto de interrelacionamentos, o que obriga a permanentes adequações da realidade interna, de cada

---

[116] FRANCO, A. S. (1994) – op. cit.

[117] Ver JIMÉNEZ HERRERO M. Luis (1998) – Tendencias en el uso de Instrumentos Económicos y Fiscales en la Gestión Ambiental: Reflexiones sobre la Unión Europea y el Caso Español. In STERLING, A. Yabar, ed. lit. – *Fiscalidad Ambiental*. Barcelona, p. 163 e ss.

[118] SOARES, C. A. Dias (2001) – op. cit., p. 20.

indivíduo ou grupo, às mudanças da realidade externa. A espécie humana possui essa capacidade de captação dos sinais exteriores, para partindo da sua capacidade interior, produzir novas formas de relação com o exterior.

Para se evitarem as disfuncionalidades jurídicas e se retratar acertadamente os factos, haverá que compatibilizar as abstracções jurídicas territoriais com o carácter contínuo e simbiótico do objecto da regulamentação jurídica, pois a soberania exerce-se sobre um objecto que se situa num mundo natural sem fronteiras. Da mesma forma, também o modelo económico terá de se adaptar aos ciclos bioquímicos e de fluxos de energia que são os suportes da vida. E numa lógica de interdependência de todos os sistemas, parece-nos impossível operar essa 'massiva reestruturação transformação eco-estrutural do sistema económico mundial', sem alterar o padrão do relacionamento e o seu suporte jurídico. O percurso da valoração monetária do ambiente, já iniciado, se devidamente integrado a um nível global, possibilitará, não só o financiamento dos custos de restauração do ambiente – dentro da limitada capacidade humana de restaurar a natureza – como o de uma progressiva incorporação das funções primordiais que o ambiente desempenha na economia humana.

Ora, a questão dos custos ou desutilidades colectivas, revelados através da desarticulação dos bens comuns, foram e estão ainda a ser objecto dos mais variados estudos de internalização no processo produtivo. Acontece que, mais uma vez, um dos pressupostos a partir do qual se constrói o raciocínio tem como base um pressuposto globalmente descontextualizado: a delimitação estadual do modelo económico trabalhado, e a confinação destas tentativas de intervenção correctiva ao âmbito restrito de alguns estados. Ainda numa lógica dos problemas de 1ª geração, analisa-se o modelo económico à luz do pensamento jurídico actual, limitando as análises económicas ao limite territorial da soberania e deixando de fora todos os efeitos combinados e acumulados dos vários factores de poluição que, nas suas implicações globais e duradouras, dão origem ao efeito estufa, às mudanças climáticas e destruição da biodiversidade. A valorização monetária do ambiente e a utilização de instrumentos económicos têm de se adaptar à realidade que lhe tem sido externa – a unidade interdependente da Biosfera; na sua ausência, todos os trabalhos com tal objecto (na tentativa de correcção dos efeitos colaterais indesejados da actividade económica) embora da maior relevância para uma possível integração do sistema económico no supra-sistema ecológico global, pecam por partirem do pressuposto jurídico virtualmente fechado e isolado que é o conceito clássico de soberania. Sem uma nova integração jurídica global, com uma capacidade explicativa mais aproximada da realidade da dinâmica ecológica da Biosfera, tais esforços resultam residuais e de alguma forma inconsequentes.

'As externalidades são um caso típico de mercados incompletos quando está em causa um recurso ambiental. Esta incompletude verifica-se na medida em que **não existe uma instituição de troca onde o sujeito que afecta positivamente outro(s) receba uma compensação por isso ou o sujeito que afecta negativamente outro(s) suporte o respectivo custo**'.[119]

Assinalam-se, assim, como problemas jurídicos prévios que continuam por resolver, e que impedem a necessária articulação entre a economia e o ambiente, no essencial, dois: a) inexistência de um regime de titularidade inequívoco, que defina os direitos e obrigações relativamente ao uso dos bens ambientais, tornando a situação jurídica dos bens conhecida e respeitada; b) inexistência de uma instituição que assuma a responsabilidade da titularidade colectiva do bem e proceda à organização dos seus usos e garanta a sua manutenção.

Tal como, anteriormente, a teoria de Hardin se referia ao problema da inexistência de um regime de titularidade inequívoco que, quando acompanhada da ausência de regras para a afectação sustentável do recurso, levaria à impossibilidade generalizada de se poder beneficiar dele, também os economistas do ambiente tentam ultra-

[119] SOARES, C. A. Dias (2001) – op. cit., p. 8. O sublinhado é nosso.

passar o problema-base que Hardin colocou, através da privatização dos bens ambientais, uma vez que este acesso livre ao bem será um incentivo a retirar dele todos os benefícios que se possa e o mais depressa possível, antes que outro o faça.

Aquilo a que chamamos problemas ambientais de 2ª geração – que são na sua essência as consequências globais de uma multitude de comportamentos locais diferidos no tempo, e que resultam dos efeitos cumulativos das emissões de poluentes para a atmosfera, desde a revolução industrial – vêm demonstrar de forma clara que a privatização parcelar de recursos ambientais globais é inconsequente, num sistema que é uno, cumulativo e interdependente.

'Pense-se no exemplo da poluição atmosférica. Como não existe um sistema inequívoco de titularidade do ar que se respira, é difícil que exista um mercado onde se ofereça e procure ar puro. Quem sofrer prejuízos causados pela inalação de emissões poluentes dificilmente consegue impedir que estas continuem a ser produzidas e que quem é responsável pelas mesmas seja obrigado a indemnizar os danos causados. Como quem provoca estes custos não os suporta, ignora-os, continuando a poluir. Não existe, assim, qualquer incentivo a que o deixe de fazer. O que só viria a acontecer se o Estado tiver uma intervenção correctiva na economia, criando ele próprio, o estímulo que falta ou compensando essa lacuna através da imposição de comportamentos'.[120]

Assente tratar-se de um problema colectivo que exige uma resposta colectiva, a correcção desta disfuncionalidade, tem sido, contudo, procurada num quadro de intervenção legislativa estadual; ora, disfuncionalidade é, por definição, a constatação de que algo não funciona e, em matéria ambiental, as disfuncionalidades ocorrem por desfasamento com o sistema global, consequentemente, só poderá ser resolvido no âmbito desse sistema global e no contexto da colectividade planetária. Pode um qualquer estado, constituir-se

---

120 Id., p. 80.

como um 'Estado Providência Ambiental'; um outro como 'Estado de polícia de ambiente',[121] mas para além de sofrer injustiças concorrenciais num mercado global que não se pauta por iguais preocupações ambientais, não conseguiria nunca garantir dentro do seu território a qualidade ambiental que os seus cidadãos estão a financiar, uma vez que os comportamentos que afectam negativamente o ambiente do outro lado planeta, se repercutem no todo global, e também nesse 'estado polícia do ambiente', isto é, essa 'titularidade inequívoca do ar' é obrigatoriamente colectiva, e requer, portanto, uma gestão partilhada.

A resposta aos dois problemas jurídicos prévios atrás enunciados, conformadora da referida valoração económica do ambiente no sentido global passa, então, pela definição da titularidade desses bens (que são juridicamente insusceptíveis de apropriação jurídica individualizada) sobre os quais ninguém isoladamente consegue assumir a responsabilidade de gestão e uso globais, obrigando, assim, à institucionalização de uma entidade a quem seja conferida essa função.

O protocolo de Quioto foi pioneiro, a um nível potencialmente global, na concepção de uma valoração económica ambiental, realizada através de direitos de poluição negociáveis, que criam o direito de cada país poluir o ambiente, até um limite pré-determinado; podendo comercializar a sua quota, caso a não a utilize na totalidade. Richard Ayres, presidente da US National Clean Air Coalition, diz que negociar com direitos de emissão 'é pegar num recurso público e transformá-lo em algo que pode ser comercializado como se fosse uma propriedade'. Também a activista do Greenpeace, Lisa Bunin, refere que tal envolve a privatização dum recurso partilhado. Em nosso entender, o problema não está na valorização que está a ser feita do recurso comum que é a atmosfera, mas sim no facto das verbas provenientes desse uso privado de um recurso público não serem directamente empregues

[121] CANOTILHO, J. Gomes cit. por SOARES, C. A. Dias (2001) op. cit. p. 101.

na manutenção e melhoramento das partes comuns. Ainda que este acordo, que não deixa de revelar a necessidade da existência de governança global, potencialmente possa conduzir a uma redução do total das emissões de CO_2 – e constitua um passo necessário para um possível acordo mais abrangente –, mantém-se o problema da inexistência dessa instituição de troca em que os sujeitos que cuidam de bens colectivos sejam compensados pelo serviço que prestam a todos. Isto é, as receitas, resultantes do uso do bem comum universal não são aplicadas directamente na preservação dos bens comuns. E sem existir uma solução jurídica prévia e institucionalizada, que garanta que as verbas provenientes do uso de bens comuns, sejam efectivamente utilizadas na compensação e manutenção do Sistema Natural Terrestre, as soluções económicas de incorporação dos custos ambientais no sistema produtivo, parece-nos que estarão longe de, pelo menos, começarem a corrigir todos os danos já acumulados. Num planeta que vive na situação iminente de uma catástrofe ecológica a nível global, com uma possível consequente crise económica ou o próprio colapso da economia, é perfeitamente incompreensível que as florestas só atinjam uma valoração económica depois de abatidas e transformadas em madeira.

Se é verdade 'que o ar é uma parte da natureza que não tem preço – é essencial a toda a vida na terra', é também por causa dessa verdade que os danos causados ao ar foram considerados como uma 'externalidade'. Mas porque o ar não tem preço e é de todos, não se pode tratar como se fosse de ninguém. O resultado cifra-se numa história da espécie humana de 200 mil anos, em que bastaram 200 para se chegar à ruína comum. Reafirmamos: sem a incorporação dos custos ambientais na economia, o direito do ambiente continuará a viver num estado de virtual existência; sem uma nova concepção jurídica global, que possibilite que verbas geradas pelo uso das partes comuns, sejam reinvestidas na compensação e manutenção dos ciclos bioquímicos e de fluxos de energia globais, não nos parece que o desenvolvimento sustentável possa realizar-se.

Num sistema global, nenhuma disfunção é externa. A institucionalização de uma entidade e consequente criação de um sistema de financiamento de manutenção de 'partes comuns', em função do uso que cada condómino faz dos bens públicos universais, são, nesta relação condominial global, os pressupostos, de ordem prática, para se tentar operacionalizar a articulação entre a Biosfera, a Economia e o Direito.

O modelo do **Condomínio da Terra**, ao conceber a mencionada titularidade colectiva inequívoca das 'partes comuns', definindo os direitos e obrigações, e procedendo à institucionalização da entidade a quem competirá, de uma forma especializada, a gestão de tais partes, procura organizar a prossecução do interesse comum e colmatar o que em economia se entende por mercado incompleto, na medida que em não existe uma instituição de troca onde os sujeitos que afectam positivamente o bem comum sejam compensados e os sujeitos que o afectam negativamente suportem o respectivo custo.

A sua realização depende, em larga medida, da correcta construção da referida forma institucionalizada de troca e da sua capacidade para fazer a ponte e mediar a soberania global da natureza e nossos sistemas de organização. Na presente proposta, essa instituição de troca seria levada a efeito pela figura jurídica da 'Administração do Condomínio da Terra', ou através da atribuição de novas competências à ONU.

4.3. **A linha de superação**

O conflito é evidente. Terá de ser superado mas, mais uma vez, afirmámos que o mais difícil será operar a mudança do raciocínio de base, sobre o qual todos os outros que os desenvolvem assentam. Nestes termos, parece que ainda não se encontrou tal 'linha de superação'. Se o desenvolvimento sustentável preconiza 'desenvolvimento que satisfaz as necessidades do presente sem comprometer a possibilidade de as gerações futuras satisfazerem as suas próprias necessidades',[122] falta saber como se viabilizará este enunciado num sistema com inúmeras disfuncionalidades coexistentes e que apresenta uma descontextualização de raíz relativamente aos sistemas jurídico e económico do Sistema Natural Terrestre.

A 'linha de superação' proposta é uma linha de dialéctica entre sistemas, uma tentativa de equilíbrio entre duas forças opostas. E investe todo o seu possível desempenho na alteração de um pressuposto que, por ser de base, altera os raciocínios que sobre se processam. A premissa desta proposta, objectivada numa transformação dos esquemas até hoje experimentados de relacionamento dos povos, consubstancia-se, simplesmente, na concepção da Biosfera como um bem único e indivisível e na consciência da necessidade de não confundir a realidade do planeta com o sistema organizatório interno da Sociosfera. Quais os fundamentos para a pretensão de uma efectividade de funcionamento à escala global? Comparemos o modelo de condomínio já existente e, passo por passo, analisemos a possível adaptação de escala ao vasto mas limitado condomínio que é o planeta.

1. A primeira excelência que o sistema de condomínio apresenta diz respeito à correcção do seu percurso: inicia-se com a confrontação de uma realidade física para, partindo dela, construir uma solução jurídica; não é um mero exercício cerebral construído sobre um outro anterior, também ele cerebral, o que facilmente degeneraria numa abstracção desconectada do real.

---

[122] Ver o documento intitulado **Nosso Futuro Comum**, também conhecido como Relatório Brundtland publicado em 1987, e elaborado pela Comissão Mundial sobre o Meio Ambiente e Desenvolvimento. Faz parte de uma série de iniciativas, anteriores à Agenda 21, as quais reafirmam uma visão crítica do modelo de desenvolvimento adoptado pelos países industrializados (reproduzido pelas nações em desenvolvimento), e ressaltam os riscos do uso excessivo dos recursos naturais sem considerar a capacidade de suporte dos ecossistemas. O relatório aponta para a incompatibilidade entre desenvolvimento sustentável e os padrões de produção e consumo vigentes.

A) É este o sentido do percurso que é necessário realizar para adequar a realidade biológica do planeta às necessárias abstracções jurídicas que possibilitem uma organização interna dos povos.

2. Ao fazer este percurso, face à ineficácia dos conceitos jurídicos existentes (propriedade ou compropriedade) como resposta às solicitações que a realidade de vários domínios exercidos sobre o mesmo bem materialmente indivisível solicitava, analisou-se cada um dos elementos presentes em tal (complexa) situação. A saber: a) necessidade de manutenção da existência de um conceito jurídico restrito de propriedade e correlativos interesses particulares; b) partes insusceptíveis de divisão mas das quais todas as propriedades dependem funcionalmente; c) necessidade de uma definição e prossecução de interesses comuns; d) necessidade da existência de um sistema de financiamento da manutenção das partes comuns.
A situação é objectivamente complexa e, como tal, a respectiva solução deverá ser, ela própria, complexa.

A) Todos estes elementos constitutivos e uma situação complexa, com as necessárias adaptações de escala, encontram-se no **Condomínio da Terra** e as soluções são paralelas às preconizadas pela soberania complexa.

3. Relativamente à natureza jurídica, a propriedade horizontal exprime uma dualidade de direitos de propriedade do seu andar ou fracção, com a inerente compropriedade dos elementos comuns, determinando-se esta em relação à totalidade do edifício por uma quota referida a centésimas do mesmo.

A) Dada a situação factual do carácter de ininterrupta movimentação global das partes obrigatoriamente comuns, já reconhecidas – atmosfera/hidrosfera, os vários povos vivem já, em sistema (não jurídico) de condomínio global. Isto é, esta dualidade de direitos interdependentes, entre o exercício de uma soberania limitada sobre cada território e uma soberania partilhada sobre a atmosfera e a hidrosfera, é um facto, ainda que de forma não organizada. Por razões de equidade, e porque cada estado deve ser entendido como uma sociedade de homens, os critérios que determinam a quota de compropriedade (soberania partilhada das partes comuns) terá de ser determinado por outros critérios, que não o da dimensão do território.

4. Ao possibilitar a existência de várias propriedades sobre um mesmo bem materialmente indiviso, construindo divisões hipotéticas, o conceito de condomínio resolveu simultaneamente o problema da habitação nos aglomerados urbanos e o comércio jurídico de cada uma das fracções, respondendo ainda às necessidades da territorialidade humana.

A) No **Condomínio da Terra**, ao manterem-se as soberanias separadas, articuladas com uma soberania partilhada, sobre partes juridicamente insusceptíveis de divisão, dá-se resposta às necessidades de territorialidade de cada povo, e garante-se a conciliação dos interesses particulares de cada estado com a manutenção do interesse comum sobre as partes comuns de que todos estão funcionalmente dependentes.

5. Na propriedade horizontal, apresentando-se o edifício como uno e interdependente, após a divisão em fracções, restavam partes insusceptíveis de divisão jurídica. Neste sentido, admitiu-se que para a realização plena das funções que a propriedade deve garantir a cada um, seria necessário organizar uma resposta institucionalizada à prossecução desses interesses comuns. Só assim se garantiria a cada um o seu direito.

A) O **Condomínio da Terra**, ao organizar o planeta em partes próprias de cada estado e em partes comuns, obriga à institucionalização de uma entidade que dê resposta à prossecução de interesses realizados nas partes comuns, assegurando, deste modo, a cada estado o seu direito.

6. No condomínio, outorgam-se amplas faculdades de usufruto e disposição a cada proprietário, sobre a sua fracção, isto é, as faculdades inerentes ao pleno exercício da propriedade tradicional,

impondo-lhe, contudo, os deveres necessários para a conservação do edifício.

A) No **Condomínio da Terra**, mantém-se o poder *supremo e independente* da soberania do estado sobre o seu território, impondo-lhe os deveres necessários para a conservação do planeta.

7. No condomínio, prevê-se a existência de uma junta de proprietários, composta por todos eles, como supremo órgão decisivo que elegerá, no seu seio, um administrador, o qual representará, em juízo e fora dele, a comunidade e actuará ao mesmo tempo como secretário e administrador, salvo a nomeação de outras pessoas para esta funções.

A) No **Condomínio da Terra**, será necessário criar uma 'Assembleia de Condómino' composta por todos os estados que, como supremo órgão decisório, elegerá de forma democrática uma administração, a quem competirá o exercício de uma função especializada de manutenção e melhoramento das partes comuns. Será da competência da Assembleia estabelecer normas detalhadas de regulamento interno para utilização de serviços e coisas comuns.

8. O condomínio estabelece um sistema de financiamento de manutenção das partes comuns e prossecução do interesse comum.

A) – No **Condomínio da Terra** existirá uma 'Administração do Condomínio', que funcionará igualmente, como instituição de troca, através da qual os estados que afectem positivamente os bens comuns recebem uma compensação por isso, e os Estado que afectem negativamente os bens comuns, suportem o respectivo custo. Cada condómino comparticipará nas despesas necessárias à conservação ou fruição das partes comuns, de forma equitativa, em função do número de habitantes ou do uso efectivamente realizado de partes comuns, quando este for determinável. Pretende-se assim assegurar a coincidência entre o óptimo social e o óptimo ecológico.

9. A maior parte das coisas comuns são, em regra, usadas por todos os condóminos, o que não obsta, porém, a que sejam conside-

radas comuns (a todos os condóminos) coisas cujo uso se encontra afecto apenas a alguns deles, ou mesmo excepcionalmente sejam afectos ao uso exclusivo de um deles. Distingue-se entre a *titularidade* e o *uso* ou a *afectação prática* da coisa.

A) Também no **Condomínio da Terra** será de primordial importância, designadamente para a viabilização do modelo, a distinção entre soberania e uso exclusivo de partes comuns, sobretudo no que diz respeito não só à parte presumidamente comum da biodiversidade, mas também à parte necessariamente comuns da hidrosfera (todo o sistema hidrológico que momentaneamente está dentro das fronteiras de determinado estado e as respectivas e as Zonas Económicas Exclusivas).

No fundo, o modelo de condomínio é a constatação de que os fenómenos complexos, quando respeitados, são susceptíveis de harmonização e de compatibilização com a nossa capacidade explicativa da realidade.

Ignorou-se a soberania da natureza, porque a desconhecíamos, porque a pensávamos mais simples e desconexa do que se viria a revelar. Não podemos abordar um sistema profundamente complexo e visceralmente interrelacionado, de forma desconexa.

O modelo de condomínio alicerçado na experiência jurídica existente da propriedade condominial, por ser ele próprio complexo e estimulante da convergência de interesses aparentemente incompatíveis, quando trabalhado à escala da Casa Comum da Humanidade, poderá potenciar soluções para a evidente incompatibilidade patológica de sistemas que se exercem sobre um mesmo bem, o planeta.

4.4. A Convenção Constitutiva do Condomínio

Embora, não seja intuito desta reflexão proceder à elaboração de uma proposta do que poderia vir a constituir uma 'Convenção Constitutiva' ou o 'regulamento' do Condomínio da Terra, não podemos deixar de avançar com algumas das linhas, que em nosso entender, a sua concretização deverá obedecer.

A formação de um Condomínio Global pressupõe a celebração de uma Convenção Constitutiva que funcione como uma autofederação das partes comuns. Será o instrumento jurídico ao qual compete, em primeira linha, definir as relações entre os condóminos, fixar a partes obrigatoriamente comuns e as presumidamente comuns, definindo e disciplinando o uso, fruição e conservação, quer das partes comuns usadas por todos os condóminos, quer das partes comuns afectas ao uso exclusivo de um condómino, e ainda estabelecendo quotas e forma de eleição, assim como a proporção em que os diversos condóminos participam nas vantagens e encargos do uso do planeta.

O primeiro grande problema é o da regulação da relação entre os poderes de cada condómino e os poderes do conjunto dos condóminos.

A linha de fronteira entre o que é interesse estadual e o que é interesse colectivo universal, passa, não apenas pela definição de quais serão as partes comuns, mas também pela definição dos poderes do conjunto dos condóminos relativamente às fracções territoriais, uma vez que o interesse comum universal é superior à soma dos interesses individuais, facto este que isola aqueles estados que se fecham à certeza de existir uma realidade comum.

Como detentor de uma soberania partilhada, cada estado exerce todos os direitos inerentes à soberania, dentro da sua fracção territorial e, em conjunto com os restantes, participa nas vantagens e encargos das partes comuns, na proporção do benefício que retira do seu uso e do próprio contributo para a manutenção das partes comuns.

Numa situação de condomínio puro, um estado não teria, por exemplo, o direito de destruir uma zona húmida, uma vez que esta desempenha funções de limpeza da poluição e de captação de nutrientes. Pelo facto destes espaços integrarem um elemento comum – a hidrosfera, e fazerem parte da estrutura unitária do ciclo hidrológico global, não lhe seria lícito exceder poderes de soberania partilhada sobre a mesma, uma vez que os actos próprios da transformação que pretendia executar no seio do seu próprio território soberano, estariam condicionados pela limitação daquele elemento ser um Bem Comum, cujo equilíbrio não pode ser prejudicado pela actuação isolada de um condómino.

Ora sabemos que qualquer imposição deste género, constituindo-se como uma restrição jurídica, estaria desintegrada do sistema económico, e iria ser considerada não só uma limitação à soberania, mas também um entrave ao direito ao desenvolvimento económico e à prosperidade das populações locais e do próprio estado no seu todo. Nada que não aconteça já, a nível interno dos estados, com a utilização de instrumentos de gestão territorial de conservação da natureza – as restrições legais impostas ao uso de espaços naturais são muitas vezes encaradas como injustas, uma vez que os serviços ambientais que esses espaços preservados prestam ao resto da comunidade estadual e à comunidade global, não são devidamente compensados às populações residentes. Vemos, então, os governos locais, e não menos vezes os próprios governos centrais, realizarem todo o tipo de manobras e interpretações jurídicas que permitem contornar as limitações legais por eles próprios subscritas ou criadas e aprovadas, mas que colidem com os objectivos igualmente legítimos de apresentar, no final do mandato, saldos positivos na balança de pagamentos e no crescimento económico. Sem a necessária integração dos sistemas em causa, uma intervenção que se confina à dimensão jurídica, por mais preenchida que esteja de boas intenções, estará sempre sentenciada ao plano espiritual das intenções, uma vez que o sistema onde se pretende que ela actue lhe é completamente adverso e incompatível. Estas intervenções, embora susceptíveis de esporadicamente lograrem a obtenção do resultado pretendido, não tocam na raíz do problema, e como tal são meramente casuísticas, como a realidade tem demonstrado.

Retornando ao modelo do Condomínio da Terra, a sua exequibilidade e eficácia exigem que a manutenção de partes consideradas comuns revista obrigatoriamente uma relevância económica, pois na sua ausência, estaria condenada ao fracasso ainda antes da sua eventual génese. No exemplo avançado, e num contexto do modelo que se propõe, o estado detentor da soberania sobre o território onde essas terras húmidas se localizavam, para tomar a decisão de destruir ou não aquelas terras húmidas, teria de ponderar entre manter as verbas que recebia regularmente do condomínio e que se prolongariam às gerações seguintes, ou deixar de usufruir desse rendimento regular, e ter, ainda, de assumir para com o condomínio os custos da destruição irreversível de um ecossistema que prestava um serviço público à comunidade global.

Nesta lógica é então fundamental que exista, uma entidade responsável pela gestão das partes comuns e que, com as verbas provenientes do uso dessas partes, garanta que elas servem para compensar os condóminos que cuidam das partes comuns prestando assim um serviço público universal. Ou, por outras palavras, a instituição, ao regular essa necessária troca entre quem usa e quem cuida das partes comuns, permitirá que o mercado se torne completo, evitando as externalidades e potenciando uma afectação mais produtiva dos recursos, no sentido da procura do ponto de convergência entre o óptimo ecológico e o óptimo social. Neste modelo, a preservação de uma floresta – porque prestadora de um serviço à comunidade global, vital em todo o processo das alterações climáticas, e na medida em que todos beneficiam da sua utilização, não podendo ninguém, a nível global, ser excluído do seu consumo – teria de ser objecto de compensação, através do administrador do condomínio, pelos que usam a atmosfera para além dos limites equitativos.

Neste modelo, e ainda como mero exemplo, e dado que os processos físicos, químicos e biológicos tornam profundas as relações entre os seres vivos e o meio, as florestas, para além de puderem ser consideradas parte comum através da biodiversidade, prestam um serviço que influencia em maior ou menor grau os outros bem obrigatoriamente comuns (a atmosfera e hidrosfera). Ambas as funções terão de ser consideradas na sua valoração.

A partir do momento em que a manutenção de bens comuns passa a constituir uma actividade económica, a lógica do paradigma económico é alterada. O pressuposto base da delapidação constante e competitiva dos recursos, transforma-se num pressuposto de realização de mais-valias, através da consideração de que a manutenção de bens ambientais é compensada pelos que usam as partes comuns. Desta forma, na constante procura da eficiência de mercado, todo o sistema produtivo iria procurar reduzir a utilização de bens comuns no seu sistema de produção, e aumentar a preservação dos sistemas naturais que prestam serviços públicos universais de manutenção de partes comuns, e que são devidamente compensados à escala global.

Em nosso entender, as teorias económicas que preconizam que a perda de capitais naturais para as gerações futuras pode ser compensada/substituída pelo aumento de recursos de origem humana, estão, mais uma vez, desintegradas das interdependências que as alterações climáticas tornaram tão evidentes. O esgotamento do capital natural pode conduzir a perdas irreversíveis, de espécies e habitats, que não podem ser recreadas usando capital de origem humana. Há muitos tipos de recursos ambientais para os quais não há substitutos: por exemplo, a camada de ozono, as funções reguladoras do fitoplancton do oceano, as profícuas relações entre atmosfera e oceano e que são em grande medida desconhecidas, as funções de protecção das encostas desempenhadas pelas florestas tropicais, as funções de limpeza da poluição e de captação de nutrientes que as terras húmidas executam. Com efeito, não podemos ter a certeza de um dia sermos capazes de os substituir por recursos de origem humana, sobretudo porque desconhecemos todas as relações que os recursos ambientais têm num plano global e temporalmente alargado.

O conhecimento científico sobre as funções dos ecossistemas naturais e as possíveis consequências da sua degradação e esgotamento é, na melhor das hipóteses, incerto. Haverá perdas que não serão irreversíveis mas cuja recuperação pode levar séculos – por exemplo, a camada de ozono, o efeito estufa e a degradação dos solos.

Uma situação económica é óptima, no sentido de Pareto, 'se não for possível melhorar a situação, ou mais genericamente a utilidade, de um agente sem degradar a situação ou utilidade de qualquer outro agente económico'. Ao criar-se esse administrador com funções de troca entre quem usa e quem cuida de bens comuns, poderemos encontrar um ponto a partir do qual já não compensará o crescimento exponencial de capital de origem humana, porque este pressupõe um aumento da utilização de bens comuns, e como tal já não será sustentável. John Stuart Mill explica, na **Teoria do estado estacionário**, que isso não será uma ilusão, antes pelo contrário, a marcha da delapidação dos bens comuns é que parece ser a curto prazo uma ilusão. 'Foi sempre considerado pelos economistas políticos que o aumento da riqueza não é ilimitado (...) Eu espero sinceramente, pelo bem da posteridade, que a sociedade se contentará em ser estacionária muito antes da necessidade a compelir a isso. É quase desnecessário observar que a condição estacionária não implica nenhum estado estacionário para o desenvolvimento humano. Ocorreriam todas as espécies de cultura mental, bem como progresso moral e social; e muito espaço livre para o aperfeiçoamento da Arte de Viver (...)'[123]

Em conclusão, tal 'Convenção Constitutiva' terá de ser mais que um documento de imposições jurídicas, caso contrário, daria lugar à constituição de um poder supra-estadual que, de imediato, conduziria à inviabilidade do modelo. A criação de um 'regulamento constitutivo' do Condomínio da Terra pressupõe que as normas jurídicas sejam conformadas por uma integração de sistemas e reflictam a complexidade das interdependências globais em que estamos inseridos, operada através de uma clara separação de competências entre o conjunto dos estados e a Administração do Condomínio. Qualquer documento que não proceda a uma tentativa de reflectir a situação real do mundo interdependente, nascerá já vítima da sua incapacidade explicativa da realidade, e sujeita à

[123] MILL, J. S. (1848) – *Principles of Political Economy with Some of Their Applications to Social Philosophy*, cit. por SOROMENHO-MARQUES, V. (1998) – op. cit., p. 61.

erosão resultante do aprofundamento da distância conceptual entre sociosfera e a dinâmica ecológica da biosfera.

4.5. **A Assembleia de Condóminos**

O segundo grande problema é o do estabelecimento da organização do conjunto dos condóminos do planeta para a condução dos assuntos que lhes compete conduzir. Enquanto conjunto, cabe-lhes, nomeadamente determinar as situações em que é exigível a unanimidade ou apenas a maioria; o modo de escolha do administrador do condomínio e os poderes que poderá exercer na administração das partes comuns; o peso relativo de cada estado condómino e o critério, eticamente legítimo, para determinar esse peso relativo.

A necessidade da construção de um sistema global que defina o interesse comum da humanidade pressupõe que tal processo de definição assente em critérios auto-evidentemente justos, perante os quais ninguém possa auto-excluir-se, sustentando-se, pois, em razões de justiça equitativa.

Ora tendo em conta que demos como assente que, neste momento, os objectos de definição deste interesse comum serão a atmosfera e a hidrosfera, teremos de partir das suas características para encontrar um critério válido, susceptível de harmonizar o relacionamento entre os vários estados, e também o relacionamento do conjunto dos estados com estes bens ambientais, assim como o já incontestado direito a uma equidade inter-geracional.

Partindo de três pressupostos inelidíveis (o Sistema Natural Terrestre é um sistema auto-regulável e com profundas interligações e interdependências globais; dentro deste sistema existem bens que pelas suas características são insusceptíveis de separação jurídica; em termos económicos, estes bens terão de ser considerados colectivos, uma vez que ninguém pode ser excluído do seu consumo, e os danos ou benefícios afectam todos a nível global) parece-nos que o único critério válido proporcionador de algum consenso na definição do uso de bens comuns, será o critério da distribuição equitativa *per capita*. Tal critério, ao qual corresponde 'um direito *per capita* a uma quota-parte da capacidade do vazadouro atmosférico, indexado à projecção actual das Nações Unidas para o crescimento demográfico por país em 2050',[124] será uma concretização do '*direito de visita*' temporalmente alargado a todas as gerações, 'que assiste todos os homens, em virtude do direito da propriedade comum, da superfície da Terra', tal como preconizou Kant. Daqui deriva que o já referido direito cosmopolita e intergeracional de uso do meio ambiente, e correlativo dever de uso sustentável dos bens comuns por parte de cada geração.

Esta proposta de Peter Singer, de partilha equitativa do bem comum, que é a atmosfera, terá inerentes consequências na legitimação política do processo de construção e delimitação do interesse comum e na consequente organização da comunidade de interesses, como uma 'comunidade internacional juridicamente organizada'.

O facto de cada ser humano, ter direito, na sua curta visita ao Sistema Natural Terrestre, a uma quota-parte do uso dos bens ambientais, intergeracionalmente comuns, permite-lhe não só partilhar o uso desse bem ambiental com os seus contemporâneos, como também com eles decidir a forma comum de uso desse bem que está temporariamente a ser usufruído pela geração a que pertence. Logo, a votação relativa de cada condómino, não só para a escolha do administrador do condomínio como para a definição dos assuntos relativos à prossecução do interesse comum, deverá ser cotejada em função do número de habitantes de cada soberania.

A própria Declaração Universal dos Direito do Homem, integra-se nesta lógica, dado que, em termos jurídicos, esta 'só pode ser seriamente equacionada à escala universal em ligação íntima

---

[124] SINGER, P. (2004) – op. cit., p. 77

com os direitos ao desenvolvimento ou a um ambiente ecologicamente equilibrado'.[125]

Como também entende Peter Singer, 'nos casos em que não há um critério claro para atribuição de quotas-partes, este pode ser um compromisso ideal que conduzirá a uma solução pacífica, e não a disputas prolongadas'.[126] Este pressuposto, corresponderia igualmente a uma almejada democratização da sociedade internacional, onde os assuntos deverão tendencialmente ser tratados exigindo apenas a maioria, uma vez que a democracia, como afirmava Churchill, 'A democracia é a pior forma de governo, à excepção de todas as outras experimentadas ao longo da história'.

Não se pretende com esta reflexão o desenho final dos processos decisórios no quadro de uma possível administração do Condomínio Global, designadamente, em matéria da definição de regulamentação do ambiente ou de uma política comum de ambiente, e da correspondente necessidade de controlo e efectivação judicial, mas tão só a proposição de uma ideia, de uma transposição de um modelo experimentado num âmbito nacional de direito privado, o qual nos parece fazer todo o sentido que seja aproveitado numa escala global. Em todo o caso, parece-nos, que tais processos de decisão e controlo, estarão à partida simplificadas, atenta a sua articulação com o mecanismo proposto de valoração económica dos bens comuns, pois aí o controlo será realizado de forma essencialmente preventiva.

A fórmula de valoração dos bens comuns está igualmente fora do âmbito de um trabalho com as características do nosso, que se pretende com o objectivo limitado à enunciação de uma ideia.

Mas também, quanto a este particular aspecto, podemos adiantar que num quadro de aceitação do modelo que proposto, sempre se

---

[125] CASSESE, A. – Can the notion of inhuman and degrading treatment be applied to social to social-economic conditions? *European Journal of internacional Law,* 2, p. 141, cit. por MANUEL PUREZA, J. M. – *Património da Humanidade: Rumo a um Direito internacional da solidariedade?* Porto: Edições Afrontamento, p. 73.

[126] SINGER, P., (2004) – op. cit., p. 78.

teria de ter em conta que os bens naturais são não só biológica, jurídica e economicamente comuns, mas também temporalmente comuns, o que se traduz no princípio da equidade intergeracional. Este facto faz com que a obrigatória análise do que são as diferentes quantidades de uso *per capita* actuais, se reflictam em diferentes dimensões na responsabilidade que cada estado deverá assumir pela situação actual do planeta. 'Tal como as coisas estão agora, mesmo numa base de partes iguais *per capita*, os países desenvolvidos terão de aceitar durante pelo menos um século uma maior limitação à produção de gases de efeito estufa do que teriam tido se, no passado, se tivessem regido pelas partes iguais *per capita*'.[127]

A ideia de que existe uma dívida ecológica entre os países que realizaram um maior uso dos bens comuns, profusamente difundida, tem como fundamento o uso desigual que, ao longo dos dois últimos séculos, aconteceu entre as economias ricas do norte e os países do sul. Ela é uma realidade que, por muitas razões, deve ser levada em conta, nestas 'obras globais' que o nosso 'edifício comum' necessita.

A assunção deste comprometimento histórico, por sua vez, com inegáveis consequências na responsabilidade pelo futuro, compromete os países em vias de desenvolvimento a sentirem-se partes iguais, no encargo do nosso futuro comum. E num contexto de complexidade de interdependências, neste modelo de compensação global de manutenção de serviços ambientais, muitas das desigualdades sociais poderiam ser atenuadas.

Mesmo que, numa fase inicial, o condomínio se limitasse aos estados com maiores índices de utilização de partes comuns, a única maneira de se sentir que todos fazemos parte do mesmo destino global, é a Administração do Condomínio considerar já os restantes países como condóminos passivos, compensando a manutenção de bens ambientais neles existentes ou promovendo o seu melhoramento.

---

[127] Ibid.

Ao cuidarem destes bens, localizados noutros países, estarão evidentemente a cuidar do seu próprio interesse, que é simultaneamente individual e colectivo. Afinal, é esta a essência do modelo de condomínio.

A tarefa que tal convergência aparenta nem será, na sua essência, uma questão jurídica, porque, como vimos anteriormente, é de todo irrelevante o jurídico separar aquilo que desde sempre foi uno. O problema coloca-se a um nível psicológico, de aceitação de que o ar que respiramos e a atmosfera que está em determinado momento sobre o território do nosso país, e a hidrosfera que escorre na superfície e no interior da terra, não são nossos, mas de todas os cidadãos do mundo, actuais e futuros. Ao encararmos desta forma os elementos vitais do planeta, estamos a integrar o nosso sistema de organização humana no Sistema Natural Terrestre, onde todos os outros seres vivos estão igualmente integrados. Esta é uma tarefa de descoberta mental de convergência, que incorpora o desenvolvimento sustentável, o princípio da equidade intergeracional, a ideia de património comum da humanidade e da necessária preservação da biodiversidade no dia-a-dia.

'Fundamentalmente, creio que o ambiente e a crise ambiental e social global permitem tomar as coisas pela sua raiz. Isto é, não estamos perante uma crise de ciclo ou uma crise de conjuntura, como acontece em muitos dos domínios económicos que referi, estamos a falar da primeira crise de dimensão planetária que alguma vez a Humanidade viveu. A história humana é feita de crises, sem dúvida, as grandes provas e provações que a Humanidade supera são justamente crises. Todavia, esta é a primeira situação que a Humanidade enfrenta em que nenhum recanto do globo está imunizado ou defendido contra os sintomas e a grande crise ambiental'.[128]

E se o **Condomínio da Terra** é hoje um sonho, temos presente que todas as verdades de hoje foram utopias de ontem. Veja-se a incomensurável quimera do projecto europeu, tendo em conta a sua

[128] SOROMENHO-MARQUES, V. (1998) – op. cit., p. 77.

história, e a realidade actual da União Europeia. E o mesmo se poderá referir, noutra escala, relativamente à ONU. Como Kant explica, pelas inclinações egoísticas humanas, todos os projectos de comunitarização, são utópicos. Mas existem. Porque em todas as dimensões, em todos os grupos, pelas pressões externas de várias ordens, se chega sempre a uma mesma conclusão: só na prossecução dos interesses colectivos se consegue garantir a cada um o seu direito.

É chegada a vez do Ambiente, a Natureza, o Sistema Natural Terrestre fazer o seu papel, levando os homens a entenderem-se, mesmo contra a sua vontade.

E o sonho de hoje, o Condomínio da Terra, parece-nos ser uma utopia positiva, porque sonha com a Harmonização do Real Universal. A complexidade 'não pode ser apenas *aludida* mas precisa de ser *trabalhada*'.[129] E todos fazemos parte da solução.

---

[129] COELHO, E., Pardo (2002) – Paradigmas/ literaturas. In: Edgar Morin – *O problema Epistemológico da Complexidade*. Mem Martins: Publicações Europa-América, p. 43.

OS 10 PRINCÍPIOS DO CONDOMÍNIO DA TERRA

1 – A crise ambiental mundial é menos um problema do ambiente do que um problema do Homem.

2 – Resolver a crise ambiental mundial é resolver o problema jurídico da coordenação duma multitude de soberanias – Estados – exercidas sobre áreas do planeta Terra insusceptíveis de divisão jurídica, mas das quais todas as soberanias são funcionalmente dependentes.

3 – Só na definição e prossecução do interesse comum – Terra – será possível continuar a garantir a cada Estado os seus direitos, sob pena de estes brevemente deixarem de ter objecto.

4 – O projecto 'Condomínio da Terra' distingue as fracções estaduais das partes comuns: cada condómino é soberano dentro do seu território e, ao mesmo tempo, detentor de uma soberania partilhada das partes comuns do planeta.

5 – São partes necessariamente comuns a Atmosfera e a Hidrosfera e presumidamente comuns, a Biodiversidade.

6 – O Condomínio da Terra pressupõe um regulamento que disciplina o uso e conservação das partes comuns e uma Administração eleita em Assembleia de Condóminos, os Estados.

7 – Existe um direito/dever igual *per capita* no uso/conservação dos bens comuns. Logo, a votação relativa de cada condómino deverá ser cotejada em função do número de habitantes de cada soberania.

8 – Cada condómino comparticipará nas despesas necessárias à conservação ou fruição das partes comuns, de forma equitativa, em função do número de habitantes ou do uso efectivamente realizado de partes comuns, quando este for determinável, no sentido de garantir a coincidência entre o óptimo social e o óptimo ecológico.

9 – Competirá ao Administrador do Condomínio receber todas as verbas provenientes dos Condóminos e promover projectos de conservação e melhoramento das partes comuns, bem como, compensar todos os condóminos que no seio dos seus estados contribuam para o melhoramento destas partes.

10 – O Condomínio da Terra compatibilizará os sistemas jurídico e económico com o Sistema Natural Terrestre.

BIBLIOGRAFIA

ALMEIDA, L. P. Moitinho de (1997) – *Propriedade Horizontal*. Coimbra: Almedina.

AMARAL, Diogo Freitas do (1994) – Apresentação das Comunicações apresentadas no Curso sobre Direito do Ambiente realizado no Instituto Nacional de Administração, em Maio de 1993. In *Direito do Ambiente*. Oeiras: INA.

ANTUNES, P. Santos (1999) – Economia Ecológica. Cadernos de Ecologia. Lisboa, 2.

ARAGÃO, Jorge Alberto Seia (2001) – Propriedade Horizontal, Condóminos e Condomínios. Coimbra: Almedina.

ARAGÃO, Maria Alexandra de Sousa (1997) – *O Princípio do Poluidor Pagador*. Coimbra: Universidade Coimbra/Coimbra Editora.

BAAL, Philip (2002) – H_2O, *Uma Biografia da Água*. Lisboa: Temas e Debates.

BACHELET, Michel (1997) – *Ingerência Ecológica*. Direito Ambiental em questão. Lisboa: Instituto Piaget.

BADIE, B. (2007) – entrevista ao *Jornal Público,* revista Dia D, de 5 de Janeiro.

BAPTISTA, Eduardo Correia (1997) – *Ius Cogens em Direito Internacional*. Lisboa: Lex.

BARRÈRE, Martine, ed. lit. (1992) – *Terra, Património Comum. A ciência a serviço do ambiente do desenvolvimento*. São Paulo: Livraria Nobel.

BEDER, Sahron, Avaliando a Terra: Equidade, Desenvolvimento Sustentável e Economia do Ambiente. Disponível em http://resistir.info/ambiente.custo_da_terra.html

BLANCO GONZÁLEZ, António, [et. al.] (1999) – *Filosofia del Derecho. Las concepciones jurídicas a través de la história*. Madrid: Universidad Nacional de Educación a Distancia.

BOFF, Leonardo, *Saber cuidar, Ética do Humano. Compaixão pela terra.* Petrópolis.

BROWN, J. H. (1994) – Complex Ecological Systems. In COWAN, G.; PINES, D.; MELTZER, D., eds. lits. *Complexity: Metaphors Models and Reality*. Reading, Massachussets: Addison-Wesley.

BRUNNÉE, Jutta (1999) – The Challenge to Internacional Law: Water Defying Sovereignty or Sovereignty Defying reality? *Nação e Defesa*. Lisboa. 86.

CALAFATE, Pedro (1994) – *A Ideia de Natureza no Séc. XVIII em Portugal*. Lisboa: Imprensa Nacional/Casa da Moeda. 1994.

CANO, Luís Hernanz (1998) – *Las Comunidades de Propriedad Urbana*. Madrid: Editorial Colex.

CANOTILHO, J. J. Gomes (1995) – *Protecção do Ambiente e Direito de Propriedade (Crítica de Jurisprudência Ambiental)* Coimbra: Coimbra Editora.

CANOTILHO, J. J. Gomes (2001) – Intervenções Humanitárias e Sociedade de Risco, Contributos para uma aproximação ao problema do risco nas intervenções humanitárias. *Nação e Defesa*. Lisboa. 97.

CANOTILHO, J. J. Gomes, coord. (1998) – *Introdução ao Direito do Ambiente*. Lisboa: Universidade Aberta.

CANOTILHO, J. J. Gomes, Privatismo, Associativismo e Publicismo na Justiça Administrativa do Ambiente. *Revista de Legislação e Jurisprudência*. 3857, 3858, 3859, 3860, 3861.

CASTRO, Miguel Delibes de (2001) – *Vida. La naturaleza em peligro.* Madrid.

CASTRO, Paulo Canelas de (1994) – Mutações e constâncias do Direito

Internacional do Ambiente. *Revista Jurídica do Urbanismo e Ambiente*. Coimbra. 2.

CASTRO, Paulo Canelas de (1998) – Sinais de (nova) Modernidade no Direito Internacional da Água. *Nação e Defesa*. Lisboa, 86.

CASTRO, Paulo Canelas de (1996) — Conferência Portugal-Espanha – 'O que separa também une', Recursos Hídricos, Universidade Autónoma de Lisboa, Lisboa.

CUNHA, Paulo Ferreira da (1999) – *Natureza e Arte do Direito*. Coimbra: Almedina.

CUNHA, Paulo Ferreira da (2001) – *O Ponto de Arquimedes, Natureza Humana, Direito Natural, Direitos Humanos*. Coimbra: Almedina.

CUNHA, Paulo Ferreira da (2002) – *Lições Preliminares de Filosofia do Direito*. Coimbra: Almedina.

DIAS, José Eduardo de Oliveira Figueiredo (1997) – *Tutela Ambiental e Contencioso Administrativo (Da legitimidade processual e das suas consequências)*. Coimbra: Universidade de Coimbra/Coimbra Editora.

DUARTE, Rui Pinto (2002) – *Curso de Direitos Reais*. S. João do Estoril: Principia.

ESCARAMEIA, Paula (2003) – Prelúdicos de uma Nova Ordem Mundial: O Tribunal Penal Internacional. *Nação e Defesa*. Lisboa.

ESPINOSA RUBIO, Luciano (1995) – *Spinoza: Naturaleza y Ecosistema*. Salamanca: Publicaciones Universidad Pontificia de Salamanca.

FERNANDES, Mário João (2001) – Uma Nova Ordem Jurídica Internacional? Novas do Sistema de Fontes. Contributos do Direito Internacional do Ambiente. *Nação e Defesa*. Lisboa. 97.

FERNANDEZ, Maria Elizabeth Moreira (2001) – Direito *ao Ambiente e Propriedade Privada (Aproximação ao estudo da estrutura e das consequências das 'Leis Reserva' portadoras de vínculos Ambientais)*. Coimbra: Universidade de Coimbra/Coimbra Editora.

FERRY, Luc. Vicent; DIDIER, Jean (2003) – *O que é o Homem?* Porto: Edições Asa.

FRANCO, António Sousa (1994) – Ambiente e Economia, Centro de Estudos Judiciários. Textos Ambiente. Disponível em www.diramb.gov.pt.

FRANCO, J. M.; MARTINS, H. A. (1998) – *Dicionário de Conceitos e Princípios Jurídicos*. Coimbra: Almedina.

GIL, Izabel Castanha (2004) – Territorialidade e Desenvolvimento Contemporâneo. *Revista Nera*. 4.

GÓMEZ-HERAS, José M. G. coord. (1997) – *Ética del Médio Ambiente, Problema, Perspectivas, História*. Madrid: Tecnos.

GÓMEZ-HERAS, José M. G. coord. (2000) La *Dignidad de la Naturaleza, Ensayos sobre ética y filosofia del Medio Ambiente*. Granada: Ecorama.

GORE, Al (2006) – *Uma Verdade Inconveniente, A Emergência Planetária do Aquecimento Global e o que podemos fazer em relação a isso*. Lisboa: Esfera do Caos.

GUEDES, Francisco Corrêa (1999) – *Economia e complexidade*. Coimbra: Almedina.

GUERRA, Maria José (2001) – *Breve introducción a la ética ecológia*. Madrid: Mínimo Tránsito.

HARDIN, G. (1968) – The tragedy of the Commons, *Science*. 162, 1243-1248.

HÉRITIER-AUGÉ, Françoise (1990) – O Parentesco em Questão, *Jornal Público,* (Leituras) 12 de Julho.

HERNÁNDEZ, F. H. (2001) – Educación Ambiental: Avances y Retos. Comunicação às *Jornadas de Educación Ambiental de Cantabria,* 2001; não publicada.

HERVADA, J.; MUÑOZ, J. Andres (1984) – *Derecho. Guia de los estúdios universitários*. Pamplona: Eunsa.

JIMÉNEZ HERRERO M. Luis (1998) – Tendencias en el uso de Instrumentos Económicos y Fiscales en la Gestión Ambiental: Reflexiones sobre la Unión Europea y el Caso Español. In STERLING, A. Yabar, ed. lit. – *Fiscalidad Ambiental*. Barcelona.

KANT, Immanuel (2004) – *A Paz Perpétua e outros opúsculos*. Lisboa: Edições 70.

KELSEN, Hans (1984) – *Teoria Pura do Direito*. Coimbra: Arménio Amado.

KELSEN, Hans (2001) – *A Justiça e o Direito Natural*. Coimbra: Almedina.

LEMAITRE, Pierre; FENGER Jes (2001) – Segurança Ambiental e Agenda de Segurança Global. Nação e Defesa. Lisboa. 99.

LENOBLE, Robert (2002) – *História da Ideia de Natureza*. Lisboa: Edições 70.

LIMA, PIRES DE; VARELA, Antunes (1987) – *Código Civil Anotado*. Vol. III, Coimbra: Coimbra Editora.

LOURENÇO, Eduardo (1999) – *Portugal como Destino seguido de Mitologia da Saudade*. Lisboa: Gradiva.

LOURENÇO, Eduardo (2000) – *O Labirinto da Saudade*. Lisboa: Gradiva.

LOVELOCK, James (1996) – *GAIA. A Prática Científica da Medicina Planetar*. Lisboa: Instituto Piaget.

MAGALHÃES, Paulo; GOMES, Nuno (2003) – Fotobiografia da Água. Porto: Planeta Vivo.

MARTINS, A. (2007) – Desafios do Ambiente. *Jornal de Notícias,* 2 de Maio de 2007.

MORIN, Edgar (2001) – *Introdução ao Pensamento Complexo*, Lisboa, Instituto Piaget.

MORIN, Edgar (2001) – *Terra-Pátria*. Lisboa: Instituto Piaget.

MORIN, Edgar (2002) – *O Problema Epistemológico da Complexidade*. Mem Martins: Publicações Europa-América.

NEVES, A. Castanheira (2000) – O Direito hoje e com Que Sentido? O problema actual da autonomia do direito. Lisboa: Instituto Piaget.

NUNES, R. Lopes (2002) – *Bioética e Deontologia Profissional*. Porto: Serviço de Bioética e Ética Médica da Faculdade de Medicina do Porto (Colectânea Bioética Hoje – IV).

O'CONNOR, J. (1997) – Qué es la história ecológica? Por qué la história ecológica? *Revista Ecologia Política*. Barcelona. 14.

OST, François (1995) – *A Natureza à Margem da Lei, A ecologia à prova do Direito*. Lisboa: Instituto Piaget.

PARDO DÍAZ, Alberto (1995) – *La Educación Ambiental como Proyecto*. Barcelona: ICE/Horsori Editorial.

PASSINHAS, Sandra (2002) – *A Assembleia de Condóminos e o Administrador na Propriedade Horizontal*. Coimbra: Almedina.

PUREZA, José Manuel (1998) – *O Património Comum da Humanidade: Rumo a um Direito Internacional da Solidariedade?* Porto: Afrontamento.

PUREZA, José Manuel; LOPES Paula Duarte (1998) – A Água, entre a Soberania e o interesse comum. *Nação e Defesa*. Lisboa. 86.

RANGEL, P. Castro (1994) – *Concertação, Programação e Direito Ambiental*. Coimbra: Coimbra Editora.

REVKIN, Adrew (1992) – *Global Warming,Understanding the Forecast*. Nova Iorque: American Museum of Natural History/Abbeville Press.

RIECHMANN, Jorge [et. al.] (1995) – *De la Economína a la Ecología*. Madrid: Editorial Trotta.

SALOMON, Michel (1982) – *O Amanhã da Vida*. Amadora: Bertrand.

SERRES, Michel (1991) – *O Contrato Natural*. Rio de Janeiro: Editora Nova Fronteira.

SINGER, Peter (2002) – *Ética Prática*. Lisboa: Gradiva.

SINGER, Peter (2004) – *Um Só Mundo, A ética da globalização*. Lisboa: Gradiva.

SOARES, Cláudia Alexandra Dias (2001) – *O Imposto ecológico. Contributo para o estudo dos instrumentos económicos de defesa do ambiente*. Coimbra: Universidade de Coimbra/Coimbra Editora.

SOBRAL, Jorge; ARCE, Ramón; PRIETO, Ángel (1994) – *Manuel de Psicologia Jurídica*. Barcelona: Ediciones Paidos.

SOROMENHO-MARQUES, Viriato (1994) – *Regressar à Terra, Consciência Ecológica e Política de Ambiente*. Lisboa: Fim do Século.

SOROMENHO-MARQUES, Viriato (1998) – *O Futuro Frágil, Os Desafios da Crise Global do Ambiente*, Mem-Martins: Publlicações Europa-América.

SOROMENHO-MARQUES, Viriato (2005) – *Metamorfoses. Entre o Colapso e o Desenvolvimento Sustentável*. Mem Martins: Publicações Europa-América.

SOSA, Nicolás M. (1994) – *Ética ecológica*, Madrid, Universidad Libertarias.

SOSA, Nicolás M. coord. (2000) – *Educación Ambiental, sujeto, entorno y sistema*. Salamanca.

TAMANES, Ramón, *Ecologia y desarrolo sostenible. La polémica sobre los límites del crescimento*. Madrid: Alianza Editorial.

TOLBA, K. Mostafa; RUMMEL-BULSKA, Iwoma (1993) – *Global Enviromental Diplomacy, Negotiating Environmental Agreements for the World*, 1973-1992 London: The MIT Press.

UMAÑA, Julio Carrizosa (2001) – *Que es Ambientalismo? La Visión Ambiental Compleja*. Santa Fé de Bogotá: PNUMA/Idea/Cerec.

VELAYOS CASTELO, Carmén (1996) – *La Dimensión Moral del Ambiente Natural: Necessitamos una nueva ética?* Granada: Ecorama.

WEERAMANTRY, Christopher G. (2000) – Sustainable Development In *New Technologies and Law of the Marine Environment*. Londres: Kluwer Law Internacional. (International Environmental Law and Policy Series).

WEINER, Jonathan (1991) – *Os Próximos 100 Anos*. Lisboa: Gradiva.

WEISS, Edith Brown (1999) – *Un Mundo Justo para las Futuras Generaciones: Derecho Internacional, Patrimonio Común y Equid Intergeracional*. Madrid: United Nations University Press.

WILSON, Edward O. (1997) – *A Diversidade da Vida*. Lisboa: Gradiva.

ÍNDICE

Capítulo I – LIGAÇÕES OCULTAS

Capítulo II – QUAL O PROBLEMA JURÍDICO?

Capítulo III – O CONDOMÍNIO DA TERRA

Capítulo IV – O DIREITO DE VISITA